高职高专艺术设计类专业“十二五”规划教材

室内软装饰设计

INTERIOR DECORATION DESIGN

刘怀敏 主 编

张 霞 王 杰 副主编

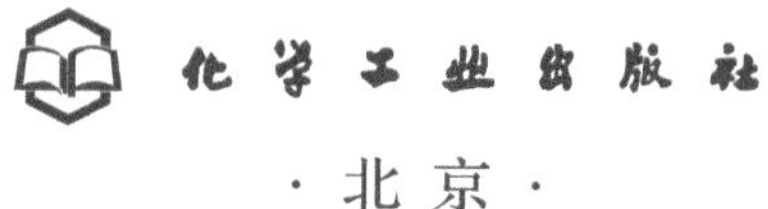

·北京·

本书是根据高等职业教育的规划要求，在编写内容上求新、求实、求用，编排上图文并茂，以图助文，主要介绍了室内软装饰的基本概念、室内软装饰的类型、室内软装饰市场现状与发展趋势、室内软装饰的设计流程等基础知识；为了提高学生的实践设计能力，突出了室内环境中软装饰的设计、软装饰与室内风格营造、室内软装饰设计元素在室内设计中的应用；同时，本书特别增强了居室软装饰和室内公共空间软装饰案例的分析欣赏，以期能拓宽学生的设计视野，提升其设计思维能力。

本书可作为高职高专环境艺术与室内设计专业课程的教材，也可作为广大自学者的参考用书。

图书在版编目（CIP）数据

室内软装饰设计/刘怀敏主编. —北京：化学工业出版社，2015.9（2022.3 重印）
高职高专艺术设计类专业“十二五”规划教材
ISBN 978-7-122-24567-0

Ⅰ.①室… Ⅱ.①刘… Ⅲ.①室内装饰设计-高等职业教育-教材 Ⅳ.①TU238

中国版本图书馆CIP数据核字（2015）第152348号

责任编辑：李彦玲　　文字编辑：张　阳
责任校对：宋　玮　　装帧设计：王晓宇

出版发行：化学工业出版社（北京市东城区青年湖南街13号　邮政编码100011）
印　　装：北京虎彩文化传播有限公司
787mm×1092mm　1/16　印张$8^1/_2$　字数216千字　2022年3月北京第1版第4次印刷

购书咨询：010-64518888（传真：010-64519686）　售后服务：010-64518899
网　　址：http://www.cip.com.cn
凡购买本书，如有缺损质量问题，本社销售中心负责调换。

定　　价：44.00元

前言
Preface

随着社会的不断发展，人们的生活质量不断提高，对室内软装饰的设计要求也越来越高，室内软装饰已经成为室内设计中不可缺少的一个重要因素。室内软装饰因其灵活多变、可移动、可再用，业主可亲自参与，能更好地表现室内设计的风格等特点，已深受人们的重视，也得到了室内设计师们的青睐，因此，室内软装饰设计已逐渐发展为一个新型而独立的设计门类，其重大的设计实践作用和意义越来越凸现出来。因此，对室内设计的学习者来说，必须要去学习和掌握的一门设计知识，是我们当前的艺术设计教学实践中不可缺少的一个重要课题。

本书就是针对近几年来室内设计中软装饰的实践应用，以及其在全国高校艺术设计专业教学中的实际情况而编写的。首先从软装饰设计的基础入手，介绍了室内软装饰的相关知识，再通过设计应用的解析，阐述室内软装饰在室内环境各方面设计中的应用方法。同时，通过具体的案例赏析，开拓学生眼界和思维，更利于学生在此设计方面学习上的吸收和提高。本书结构合理、浅显易懂、图文并茂、内容翔实。

本书由刘怀敏任主编，张霞、王杰任副主编，刘静怡、章婷婷参编。

另外，本书引用了国内外部分书籍、期刊和网上资料文献，在此向这些作者表示真诚的感谢。由于时间和水平有限，书中难免有疏漏和不妥之处，恳请同行专家和广大读者赐教指正。

刘怀敏

2015.5 于重庆

目录
CONTENTS

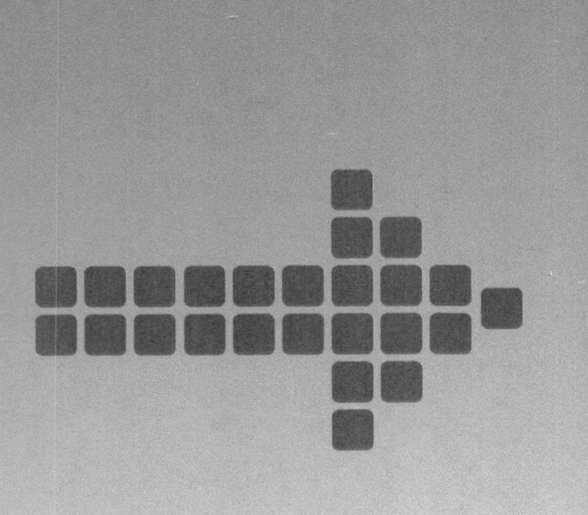

01 Chapter

第一部分 概念与认知篇

室内软装饰设计是通过对建筑室内除固定表面的装饰外，对可移动的装饰物进行设计与布置，从而创造一个具有整体效果的室内设计环境。本篇的主要内容为学习和认识室内软装饰的基本概念、目的与意义、设计流程，掌握室内软装饰未来发展趋势及其类型等。

课题　室内软装饰认知

一、软装饰的基本概念

随着我国房地产产业的不断发展，人们的生活水平和居室设计品位也在不断提高，在居家环境的营造过程中，艺术性、舒适性、个性化等方面内容得到了普遍的重视。如今，“家文化”已经从简单的实用性装修渐渐上升到追求高层次精神文化的境界。自然软装饰便应运而生。

1. 软装饰涵义

所谓“软装饰”是相对于建筑本身固定的结构空间提出来的，是指功能性的硬装修之后，利用可移动的、易更换的装饰物如家具、饰物、灯光、植物等（图1-1-1），来完善室内功能，烘托室内气氛，是对室内空间或室内装饰进行的后期创造，是建筑视觉空间的延伸和发展，它往往会创造出不同意境感受的室内空间。软装饰设计思维和设计方法更注重个性化功能设计和工艺品位装饰设计的统一。它能赋予空间以新

图1-1-1　室内软装饰设计

图1-1-2 软装饰营造出情调

的生命，既可以展现出主人的品位与情趣（图1-1-2），又能留给设计师无限的设计空间。

2.软装饰与硬装修区别

软装饰与硬装修在总体目标上是一致的，两者都是为了丰富概念化的空间。设计师通过运用现代技术手段创造出舒适美观、功能合理、安全可靠，既满足人们的精神需要又满足人们物质需要的室内空间环境。两者相互渗透但又存在着区别。

（1）多样性和情趣性

硬装饰在室内空间环境设计中存在较多的制约因素，比如房屋结构。很多房子结构出于安全考虑是不能进行随意更改的，这样设计上就很难有很大的改观了。尤其现在有很多楼盘的房屋都进行简易装修，在设计上几乎没有任何变化，因此在硬装修上无法体现出室内空间环境的设计特色。软装饰却不同，它从材料、色彩、图案、质地等各方面都具有多样性的特点，另外，软装饰的装饰类别也具有多样性，如植物装饰、家具装饰、织物装饰、色彩装饰等。

（2）易变性和节约性

软装饰选择性多，耗费资金较少，随意变动性大，居室主人可以根据室内空间的大小和形状，自己的生活习惯、兴趣爱好和各自的经济实力，从整体上综合策划软装饰的方案，从而避免硬装修的单调性和雷同性，体现主人的个性、品位。同时，相对于硬装修一次性、无可逆转的特性，软装饰体现出很强的优势。易更换的装饰元素可以根据主人的心态变化和季节的不同更换不同色系和风格的软装饰，将纺织品、工艺品、收藏品、植物、字画等任意组合，过一段时间突发奇想还可以重新组合，避免视觉疲劳，大可不必花费很多钱进行更换，却同样能收到焕然一新的感觉。几个色彩艳丽的靠垫、几盆娇艳的鲜花或简洁的布艺沙发等都能大大提升居室的温馨与浪漫（图1-1-3、图1-1-4）。

图1-1-3 易于更换的软装饰（1）

图1-1-4 易于更换的软装饰（2）

二、室内软装饰的目的与意义

软装饰自身的特征决定了其在环境艺术氛围中的特殊定位，是任何装饰材料所无法代替的，软装饰在具体的室内装修方面具有以下意义。

1.满足人的心理需求

在现代高科技的社会，繁忙而紧张的人们压力越来越大，因此，需要创造一个舒适、优美的家居环境，使人们身心能够在这里得到充分的缓解。硬装修不能满足人们的这种要求，软装饰却可以利用其材料性质使空间环境更加温馨和恬适，充满生命和活力，它还能对人的精神层面产生触动（图1-1-5）。如在寒冷的冬季，可以更换一组暖色调的织物组合，瞬间就会带给人们心理上、情感上的温暖，营造出更加人性化的室内空间（图1-1-6）。

2.快速营造室内氛围

在紧张繁忙的现代化都市里，处处充斥着坚硬的金属材料、灰冷的钢筋水泥，这样的空间环境给人带来冰冷、生硬、孤独的感觉。织物、植物、家具等陈设品的介入，无疑使空间充满了灵动与热情，赋予了室内强烈的生命力。在某些程度上弥补了硬装修上的不足，空间环境可根据使用者的需要通过软装饰呈现出或喜悦或浪漫或亲切的不同氛围。千姿百态、色彩丰富的陈设品的运用能使室内环境顿时充满生机和活力，棉、毛、丝、麻等天然纤维织物可以起到柔化室内空间生硬感的作用，我们还可以利用毛绒玩具营造童真与温馨的画面。总之，布局和色彩变换下的室内空间会为人们呈现出不同的主题和品位（图1-1-7、图1-1-8）。

3.美化环境和陶冶情操

格调高雅、造型优美尤其是具有一定文化内涵的陈设品使人赏心悦目，这时陈设品已超出其本身的美学价值而赋予空间以精神价值，如在书房中摆放文房四宝、艺术品、书法作品、名画、古书籍等。这些物品的放置营造出一种文化氛围，通过陈设品传达一种思想审美观念，使人的理念得以彰显（图1-1-9、图1-1-10）。

图1-1-5　充满清新感觉的室内软装饰

图1-1-6　黄绿色调的居室环境

图1-1-7　高贵静谧的室内空间

图1-1-8　风格活泼的室内空间

图1-1-9　文房四宝

图1-1-10　陶艺强化了室内的艺术性

三、室内软装饰的类型

软装饰所涉及的范围很广，种类繁多，在室内设计中，概括起来主要包括实用性装饰和审美性装饰两大方面。

1.实用性装饰

实用性装饰主要以为人提供健康、舒适、便利、安全等作为主要的目的，从实用和经济的角度出发，兼顾起到美化环境的作用，既具有实用价值，同时又赋予了空间精神价值，主要分为以下四方面。

（1）织物装饰

织物在家居风格中具有很强的表现力，室内经过硬装修后常由直线和平面组成，看上去生硬而冰冷，织物却可以用它柔软、温暖的质感有效地柔化空间的强硬，注入柔软、温馨的韵味，带给人视觉的享受，使室内空间成为一个有机的整体（图1-1-11、图1-1-12）。另一方面室内织物中不同原料的纺织品具有不同的质感和肌理，或粗糙或细腻，或柔软或轻盈，给人以不同程度的触觉感受。织物又具有易清洗、易更换等优点，主人可根据季节、流行、家居风格等需要的变化而更换。柔软的装饰布减缓空间的刚硬线条、柔和空间气氛，不同色彩质地的地毯可划分空间，形成不同的分区。如将帷幔饰于床的周围可以强化卧区的休息感和私密性。

（2）家具装饰

家具作为一个占地面积最大和使用面积最多的空间主体，它对一种风格的呈现起着举足轻重的作用，是室内空间软装饰的重中之重。如果说居室环境是住宅建筑的延伸，那么家具便是联系家居空间和人的纽带。它具有强调主题、分割空间、转换空间使用功能的作用。家具风格多样，艺术形式千姿百态，家具材料有藤竹的、有石制的、有金属的、有玻璃的，每一种不同材料都会在家具表面呈现出不同的肌理感觉，同时又能体现出不同的家居风格。如田园倾向的室内设计就可以选择白色木制的家具来加强风格的体现，传统家居风格空间则要求具有怀旧情调的怀古家具，在空间中适合以对称方式布置，从而散发出庄重传统、古雅清新的家居艺术氛围（图1-1-13、图1-1-14）。

（3）灯具装饰

灯具除满足基本照明功能外还具有一定装饰功能，它好比居室的眼睛，是家居空间软装饰设计的重要组成部分。因灯饰色泽、造型各不相同，人们可以根据各

图1-1-11　织物色彩相互呼应

图1-1-12　织物的垂坠感柔化了室内空间

图1-1-13　传统风格的室内设计

图1-1-14　田园风格的室内设计

种装修风格选用吊灯、落地灯、壁灯等，配光方式有直接照明、间接照明、漫射式照明、混合照明等，灯具除了基础照明外还具有渲染气氛、营造气氛的功能，为室内空间增添玲珑之美。设计师可充分利用灯具的特点来调节、营造居室空间艺术氛围。如书房选用柔和的冷光源，采用漫射式照明，这样不仅有助于营造宁静气氛，而且有利于视力健康，提高学习、工作效率（图1-1-15、图1-1-16）。

图1-1-15　错落有致的灯具丰富了灯光层次

图1-1-16　依风格选择合适灯饰

（4）器皿装饰

器皿色彩多样、造型丰富、能很好地作为装饰品融入到室内设计中。餐具、茶具、酒具、花瓶等生活器皿常由各种材料组成，比如玻璃、金属、塑料、竹子等，其独特的质地能产生出不同的装饰效果，放置在茶几上、餐桌上、陈列架上，它们的造型、色彩、材质会将室内装饰得极具生活气息（图1-1-17、图1-1-18）。

2. 审美性装饰

审美性装饰一般不考虑实用性，注重精神功能而忽视物质功能，可美化环境、陶冶情操，增加室内气氛，装饰建筑空间。室内精神建设是个性化与艺术性的结合，主要表现在以下四大方面。

（1）工艺品装饰

工艺品在室内设计中一直扮演着重要的角色，工艺品本身没有实用性，主要用来观赏，如陶瓷、布挂、蜡染等，它们都具有很高的观赏性，通过特有色彩、材质、造型、工艺等元素给人们带来丰富的视野享受。它们是室内空间鲜活的因子，它们的存在使室内空间变得充实和美观，渗透出浓厚的文化氛围（图1-1-19、图1-1-20）。

（2）绘画装饰

在室内设计中，绘画艺术以其造型、材质、色彩、韵味体现自身的艺术形态，用自身独特的语言向人们传达精神层面的诉求，展现丰富多彩的文化内涵。把绘画的艺术语言和表现手法融汇到现代居室空间设计中，可以形成室内空间环境浓郁的艺术氛围，如东方古典风格的家居软装饰宜选择具有代表性的中国山水绘画、写意画来营造浓郁的东方文化艺术氛围，而现代主义风格的家居软装饰则宜选择现代派抽象主义、立体主义风格的绘画品，以营造简约明朗的艺术化的“家”（图1-1-21、图1-1-22）。

图1-1-17　精致的银饰品

图1-1-18　既具实用性又具装饰性的器皿

图1-1-19　不同质感的墙饰品

图1-1-20　极具观赏性的工艺品

图1-1-21　绘画语言的运用

图1-1-22　现代居室中的绘画

图1-1-23　赏心悦目的绿色植物

图1-1-24　各种墙饰与植物

（3）植物装饰

随着生活水平的日渐提高，“回归自然”已经成为现代人们追求生活质量的新表现。植物以它丰富的色彩、优美的形态，给室内注入了大自然的生命力。植物不仅能使人赏心悦目，愉悦人的情感，还能陶冶人的情操，置身其中容易使人保持愉快平和的心境。植物易融合在各种不同的室内风格之中，小的植物可作为单独点缀的装饰品，高大的植物则可利用其特点使其兼具分割空间的作用。用绿色植物装点居室，营造高品质的室内环境也已成为一种新的生活时尚（图1-1-23、图1-1-24）。

（4）书画装饰

在多元化文化的今天，作为传统文化与艺术象征的书画艺术在居室设计中被广泛应用，它的装饰效果和艺术性是任何其他艺术品所无法替代的。书画的形式多样、内容丰富，在居室的软装饰中，可根据装饰风格选择不同的书画艺术装饰形式来营造不同的艺术效果。如低矮的居室可以选择竖幅的书法作品增加居室的高度感，同样，过高的居室可选择横幅作品来增强居室的延伸感（图1-1-25、图1-1-26）。

四、室内软装饰市场现状与发展趋势

在越来越注重个性化与人性化的今天，人自身价值的回归成为关注的焦点，人们希望在软装饰上营造理想的个性化、人性化环境，这就需要设计师必须处理好软装饰，从满足消费者需要心理出发进行设计。不同政治、文化背景，不同社会地位的人有着不同的消费需求，只有对不同消费群进行深入研究，对未来的软装饰市场前景和发展趋势有所前瞻性，才能将消费者的审美需要和文化素养真正地带入到室内软装饰的设计中。

1.注重营造室内文化品位

使用者对居室环境的要求从追求豪华逐步过渡到重文化、追求个性和期望自身价值回归的层面上。如在书房摆上文房四宝、挂几张字画，摆上文竹和水仙烘托出室内的优雅和宁静，使人有置身文化、艺术空间的感觉（图1-1-27、图1-1-28）。

2.个性化与人性化的加强

营造理想的个性化、人性化环境，是现代居室设计的创作原则，这一点在软装饰设计上体现得更加强烈。主人一件收藏多年的饰品、一件DIY（自己动手做）作品，都

图1-1-25　用书法作品营造环境

图1-1-26　绘画作品强化了环境

图1-1-27　装饰画与器皿的气氛营造

图1-1-28　画作及布艺营造的优雅环境

图1-1-29　装饰画与沙发靠垫的色彩相对比与呼应

可以营造出个性化的文化品位，避免千篇一律的风格，满足其精神追求（图1-1-29、图1-1-30）。

3.重视民族传统风格

在未来的流行趋势中，民族特色的应用是一个永恒的话题。它不仅受到中老年人的喜爱，也受到年轻人的青睐。具有民族特色的家居饰品层出不穷，使人的身心得到传统文化艺术氛围的陶冶，满足人的精神需求（图1-1-31、图1-1-32）。

4.生态化越来越明显

科学家提出了人类未来城市是“森林城市”“山水城市”的设想，人与自然的和谐将是未来世界整体设计发展的必然趋势。现代人在高节奏的形式下，最好的方式就是回归自然，这体现了一种绿色健康、生态环保的理念。尽量运用最本质的设计元素和天然原料，将室外的自然环境引入室内，为室内注入生态景观元素，人们坐在沙发上就能感觉与自然的亲密接触（图1-1-33、图1-1-34）。

图1-1-30 用软装饰风格体现出文化品位

图1-1-31 浓郁的民族传统风格软装饰

图1-1-32 民族性的木雕、摆件、花瓶

图1-1-33 在室内引入室外的自然环境（1）

图1-1-34 在室内引入室外的自然环境（2）

五、软装饰设计师的职业素质

1.良好的修养与气质

室内软装饰设计是竞争性强的职业，室内软装饰设计师必须对室内软装饰设计有独特的个性见解，对色彩的搭配和应用有敏锐的眼光，具有市场分析能力，有较强的责任心与语言表达能力，并且具有团队合作精神以及承受压力、挑战自我的顽强精神。科技的进步使新材料、新产品不断涌现，这要求设计师要有准确把握材料信息和应用材料的能力——及时把握材料的特性，探索其实际用途，拓宽设计的思路，紧跟时代步伐。

2.出众的艺术审美能力及创新能力

一个优秀设计师除了需要具备渊博的知识和丰富的经验外，还要善于观察、捕捉生活中美的现象和美的形式，要具有超前的敏感性、强烈的求异性、深刻的洞察力，能够以超越常规的思维定势和反传统的思想观念，挣脱习惯势力的束缚，培养出出众的艺术审美能力。

3.较强的徒手绘画能力

每一个专业的室内软装饰设计师，都需要有优秀的草图描绘和徒手作画能力。在与客户洽谈的时候，单凭语言不能令客户完全信服，脑中应该先有个大概的框架，要能够徒手把设计理念表达出来，在绘画时下笔应快速流畅，迅速地勾勒并渲染，这样交流就会比较顺畅，增强直观性，增加说服力（图1-1-35）。

4. 良好的人际交往与沟通能力

设计是服务性行业，是服务于大众的。设计师除了拥有的优秀创意以及历经苦苦思索的方案外，还必须具备良好的人际变化与沟通能力。在与客户进行沟通时，设计师要清晰准确地表达自己的设计意图和思想，让客户能够很容易理解，这是方案达成并顺利实施的关键。

5. 室内软装饰品的制作能力

作为一名好的软装饰设计师，要具有很强的动手创作能力，这一点是软装饰设计师艺术修养与个人素质的体现，因为装饰创造的是艺术美与生活美，介于实用与艺术之间（图1-1-36、图1-1-37）。

图1-1-35　手绘软装饰效果图

图1-1-36　DIY的挂饰

图1-1-37　DIY相框

六、室内软装饰的设计流程

1. 签订设计协议

在与客户沟通时，设计师首先要了解客户所需服务，介绍公司及设计师本人情况及相关内容，双方达成合作意向，方可签订设计协议。

2. 初步方案的构思

（1）客户设计要求

① 生活方式探讨。从生活习惯、文化爱好、宗教禁忌、家庭成员等几方面与客户沟通，努力捕捉客户深层的需求点。

② 色彩元素探讨。详细观察了解硬装饰现场的色彩关系及色调，对整体方案的色彩要有总的控制，把握三个大的色彩关系，即背景色、主体色、点缀色及其之间的比例关系，做到既统一又有变化，并且符合生活要求。

（2）风格元素确定

尊重硬装饰风格，软装饰风格以原有室内硬装饰风格为参考确定，尽量为硬装饰作弥补，注意整体的和谐统一性，涉及家具、布艺、饰品等产品细节元素的探讨，捕捉客户个性需求，设计出令客户满意并且符合客户的生活要求的软装饰设计方案。

（3）上门测量

软装饰设计师会上门观察房子，了解硬装饰基础，测量并对所需设计的区域及相关部分进行拍照，绘出室内基本的平面图和立面图。

（4）初步方案的构思

软装饰设计师会综合以上环节进行平面草图的初步布局，归纳分析，明确创意思路。根据初步的软装饰设计方案定位风格、色彩、质感和灯光等，初步选择适合房屋的灯饰、饰品、

画品、花品、日用品等一系列软装饰配饰产品。

3. 设计方案的完善与软装饰物品选购

（1）初步方案的制订

在软装饰设计方案与客户达到初步认可的基础上，通过对于产品的调整，明确在本方案中各项软装饰配饰产品的价格及组合效果，按照配饰设计流程进行方案制作，出台正式的软装饰整体配饰设计方案。

（2）初步方案的讲解

给客户系统全面的介绍正式方案，并在介绍过程中不断反馈客户的意见，以便下一步对方案进行修改，征求所有家庭成员的意见，并进行归纳。

（3）设计方案的修改

通过给客户进行方案讲解，使客户进一步了解软装饰设计方案的设计意图，设计师认真分析客户理解度，针对客户反馈的意见对方案进行调整，包括色彩、风格、花型等软装饰整体配饰里一系列元素调整与价格调整。

（4）签订采买合同

与客户签订合同，尤其是定制家具部分，确定定制的价格和时间。确保厂家制作、发货的时间和到货时间，以便不会影响进行室内软装饰设计时间。

（5）软装饰物品购买

在与客户签约后，按照设计方案的排序进行配饰产品的采购与定制，一般先选购配饰项目中的家具等大型物品，其次为布艺和软装饰材料植物，最后是植物、灯具和工艺品。

（6）软装饰后期服务

为客户提供一份详细的配饰产品手册。例如，窗帘和布艺的分类、布料、选购、清洗等，摆件的保养，绿植的养护，家具的保养等。

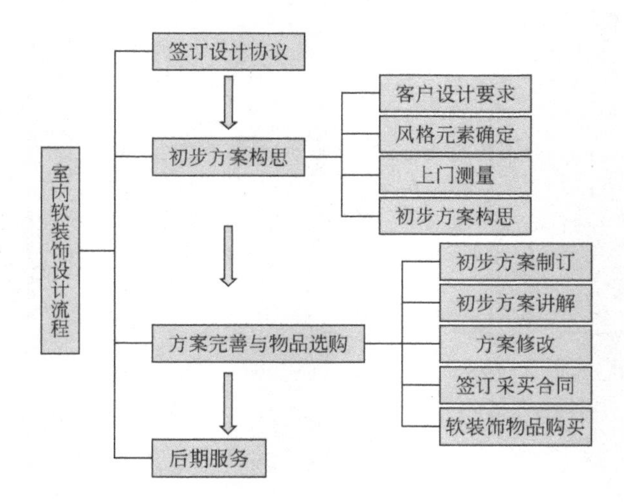

练习与思考

1. 请同学们以小组为单位对课前收集的软装饰图片进行分析讨论，认真找出每张图片中所应用的软装饰元素，并将不同元素进行合理分类。

2. 请同学们以小组为单位分别充当设计师和客户的角色，演示软装饰的设计流程。

02
Chapter

第二部分 设计与应用篇

在了解和掌握室内软装饰设计基本知识的基础上，进入室内环境软装饰设计过程，并对所能涉及到的软装饰功能、形态、色彩、材质和文化等因素进行了解和掌握，以提高对室内环境中软装饰的设计和应用能力。

课题一　室内环境中的软装饰设计

一、软装饰在室内环境中的功能设计

1.空间分隔的功能设计

在室内设计中，根据功能的需要，我们可能要对已有的空间进行功能需求的分隔，传统的分隔方式往往是由硬质的墙体等来完成，这种分隔往往有不尽人意的地方。而软装饰的设计就可以在后期利用材料的色泽、质感、形状等元素再进行分隔，充分利用软装饰的兼容性、灵活性和流动性等来合理组织和安排空间布局。例如可以通过隔段、屏风、玄关、灯光、装饰品、绿化等变化达到对空间划分的目的，完善室内分隔的功能设计，使空间的利用率和功能性达到更加完美的程度（图2-1-1～图2-1-6）。

图2-1-1　用帷幔来分隔功能

图2-1-2　用屏风来分隔功能

图2-1-3　用植物来分隔功能

图2-1-4　用门帘来分隔功能

图2-1-5　用灯光来分隔功能（1）

图2-1-6　用灯光来分隔功能（2）

2.个性化的功能设计

图2-1-7 江南的园林山水寄托情怀

硬装修是室内装饰的基本构造，而软装饰是我们精神世界在室内设计中的物化。家居装饰品是寓情于物的便捷途径。在这个主张个性化的时代，特别是在居住空间设计中，通过居室软装饰物品可以创造不同业主的个性空间。所以，现代人对居室空间的要求都重视创意的表现，力求打破常规的居室装饰方法，通过各种手段使居室的软装饰风格趋于个性化、趣味化。例如，江南的精美园林山水寄托了中国古代文人士大夫的内心境界，使人内心的情愫被充分调动起来，通过这种方式可以表现出与众不同的品位和装饰效果（图2-1-7～图2-1-9）。

图2-1-8 方圆画框表现了个性

图2-1-9 具有浓厚的中国情

3.装饰性的功能设计

人靠衣裳树靠桩，软装饰在室内设计中的装饰功能，就犹如公园里的花、草、树、木、山、石、小溪、曲径、水榭一样，离开了这些物体，不仅不能给人们带来赏心悦目的观赏心境，而且公园也失去了存在的意义。同样，室内软装饰不仅可以充实其使用功能，更能对室内的整体设计起到画龙点睛的装饰和美化作用，赋予室内空间生机与审美价值，增强视觉美感，通过一些好看的装饰物的色泽、肌理、图案等给人以视觉美感，使空间里面的物体与环境协调统一，从而达到装饰美的目的（图2-1-10 ～图2-1-13）。

图2-1-10　旧物的重新设计有了强烈的装饰感

图2-1-11　青花瓷的应用有了东方元素的装饰

图2-1-12　中国味装饰元素

图2-1-13　现代装饰画与沙发形态十分协调

4.烘托的功能设计

室内软装饰的烘托功能设计，是在室内的硬装饰完成后，利用软装饰的造型形态、色彩的情感表达、材质的肌理效果等一些特性，进一步起到烘托室内的风格气氛、创造室内环境的意境、完善设计功能的作用。因此，室内家具、工艺陈设、绿色植物、织物、灯具等软装饰物品的选择、摆放、应用都会在室内环境中发挥烘托空间艺术效果的作用（图2-1-14 ～图2-1-17）。

图2-1-14　墙面的画框烘托了环境

图2-1-15　室内物品加强了儿童房的环境功能

图2-1-16　碎花图案的织物营造温馨浪漫氛围

图2-1-17　丰富的绿色植物使空间充满了生机

二、软装饰在室内环境中的形态设计

1.软装饰形态的整体性设计

软装饰形态的整体性设计是指在整个室内设计中，各种软装饰物品的形态（不单指形状，也包括色彩、材质等元素）都要与室内整个环境统一。由于室内设计中要涉及很多不同形态的软装饰物品，这些不同的装饰物品如果在设计应用上不合理，就会使软装饰形态缺乏整体性，从而造成整个室内装饰的花乱现象。如何将这些软装饰物品之间的形状、色彩、材质与室内空间环境合理地进行搭配，成为一个必须要面对的问题。为什么一些房子刚装修完以后很好看，但是业主一住进去，家具一摆，就面目全非了；而有些房子的装修很一般，但是摆放完家居陈设品后，效果却出人意料得好。这种效果的产生就与软装饰形态的整体性设计有着密切的关系（图2-1-18～图2-1-21）。

图2-1-18　以圆为造型元素使室内完整统一

图2-1-19　圆形与蓝色的整体性设计

图2-1-20　统一的直线和色彩的整体性设计

图2-1-21　卷叶花的整体性

2. 软装饰形态的系列性设计

软装饰形态的系列变化是渐变、呼应、层次、统一、和谐、整体等形式法则的主要表现。各种软装饰都有其自身的系列性，如地毯有地毯系列，靠垫有靠垫系列，床罩有床罩系列，窗帘有窗帘系列。此外，窗帘和墙纸可以构成系列，窗帘和挂画也可以构成系列，靠垫和沙发可以构成系列，窗帘、床罩、枕垫也可以构成系列，甚至软装饰和室内的其他物件如家具、灯具、器皿、大件陈设物等，都可以构成系列变化，从而形成统一风格（图2-1-22～图2-1-25）。

软装饰形态的系列性可以通过相同材质的设计来形成，也可以通过相同的造型设计来形成，还可以应用色调的统一等诸多元素来完成。

3. 软装饰形态的多样性设计

由于软装饰所涉及的范围广，采用的物资材料种类繁多，构成形态各异，色彩也十分丰富，这些因素也就造成了室内软装饰形态的多样性设计。而形态的多样性设计会给室内环境带来视觉和心理上的丰富变化（图2-1-26、图2-1-27）。但是，在设计应用时，还要充分注意，软装饰形态不宜太复杂、变化太多，不然，就会造成室内环境的杂乱。

图2-1-22 灯具的系列性设计

图2-1-25 沙发的系列性

图2-1-23 座椅的系列性设计

图2-1-26 材质的多样性带来了景观的丰富

图2-1-24 窗帘和凳套的系列性设计

图2-1-27 室内物品的多样性

三、软装饰在室内环境中的色彩设计

在软装饰中，色彩搭配要从室内整体色彩环境出发，在硬装饰主色彩的基调上去把握软装饰的色彩应用。一般室内色彩设计遵循的原则是“大调和、小对比、再有强调色”。大调和指室内整体色彩基调，是由吸引视线最多的色块所决定的（一般为地面、墙面、顶棚、落地窗帘等），形成室内主体色彩的多为家具色彩，而软装饰的色彩则是在室内整体色彩的基础上，起到“画龙点睛”的强调色彩作用，使室内整体色彩的组合搭配既统一协调，又有变化对比（图2-1-28 ～图2-1-31）。

图2-1-28　绿色基调的餐厅

图2-1-29　温馨浪漫的紫色调

图2-1-30　甜美的卧室色调

图2-1-31　清闲的蓝色调

1.室内软装饰色彩的作用

（1）色彩的物理作用

色彩本身的物理作用是指色彩通过人的视觉系统给人从物体物理性能上带来的一系列感

觉的变化，如物体色彩的冷暖、远近、大小、轻重等。不同的颜色往往带给人不同的物理感觉。在室内软装饰的色彩搭配上，往往利用这些色彩的物理性能，去制造出特定的气氛和环境。如可以运用色彩“近暖远冷”“明轻暗重”的这些特性，对室内软装饰部位进行冷暖色彩的拉大，或者是利用色彩重量感去平衡或改变室内空间感觉，使装饰点很容易从整个空间中跳跃出来，达到对比越强烈就越醒目的目的。如寒冷地区人们希望居室有温暖的感觉，因此，室内墙壁、地板、家具和窗帘应多选用暖色调，而炎热的南方居室应多选用冷色调以带来清爽的感觉（图2-1-32、图2-1-33）。

图2-1-32　对比色彩的应用

图2-1-33　统一的色彩中求色彩的明度变化

（2）色彩的生理、心理作用

色彩依靠自身的色相、明度、纯度，不仅具有本身的视觉规律，而且具有生理平衡规律，还能影响人的感情，色彩进入人的视野，刺激了大脑，使人产生冷、热、深、浅、明、暗的感觉，也产生了安静、兴奋、紧张、轻松的情绪效应。不同色彩能带给人不同的联想和象征，如红色使人联想到火和血、危险和动乱，而情感上也可以给人带来热情、热烈、吉祥、活跃的象征意义。恰当地将这些色彩原理运用到软装饰的设计中去，可以满足不同人的生理及精神需求。

例如，客厅、起居室一般面积较大，也是日常活动利用最多的场所，色彩运用应该最丰富。客厅的色彩以反映热情好客的暖色调为基调，并可有较大的色彩跳跃和强烈的对比（图2-1-34），突出各个重点装饰部位。而餐厅是进餐和全家人汇聚的地方，应该配以橙色或橘红以增加食欲，并增加温馨、祥和的气氛（图2-1-35）。

（3）满足功能需求的作用

室内装饰色彩设计首先应该满足空间的功能性要求。在进行色彩设计时，应该通过恰当选择色彩以满足功能要求，并达到趋吉避害来满足人们在精神层面上的需求目的。例如新婚夫妇的卧室大量的软装饰物的色彩以中国传统的红色为主，不仅带来了热烈欢乐的气氛，而且还具有了吉祥幸福的寓意（图2-1-36、图2-1-37）。

图2-1-34　高雅的淡紫色调与黄橙色的沙发对比

图2-1-35　活跃的橘橙色调表达出餐区温馨

图2-1-36　中国红体现出了新婚的功能需求

图2-1-37　紫红色表现出了高贵感

2. 室内软装饰的色彩关系

室内设计各造型要素中，色彩具有强烈的视觉冲击力，而效果良好的室内软装饰色彩应用，不仅能突出形态、材质、空间的形式美，而且能强化空间气氛。遵循一些规律和基本的色彩搭配原则，提倡色彩的“情感设计”，才能使室内软装饰设计更富于意境与氛围。

由于室内物件的品种、材料、质地、形式和其表面的色彩，彼此在室内空间形成了多样性和复杂性，因此，只有将作为大面积的色彩，对室内物件起衬托作用的天地墙所构成的背景色、由家具色彩构成的主体色与非常突出的重点装饰和点缀的各软装饰物的色彩统一地协调起来，才能够营造出室内总体的色彩效果，使软装的色彩作用发挥到极致。

对于背景色调、家具色彩、室内软装饰色彩三者的色彩关系，应该从以下几个方面考虑设计。

（1）背景色

如墙面、地面、天棚、门、窗、博古架、墙裙、壁柜等的色彩，它们占据极大面积，并起到衬托室内一切物件的作用。因此，背景色是室内色彩设计中首要考虑和选择的（图2-1-38～图2-1-41）。

图2-1-38　墙面色彩与物体色彩明度关系

图2-1-39　浅灰的背景色鲜明的物体色彩

图2-1-40　墙面背景色与家具的对比统一关系

图2-1-41　沙发与背景墙统一而衬托出挂画

（2）家具色彩

各类不同品种、规格、形式、材料的家具，如橱柜、梳妆台、床、桌、椅、沙发等，它们是室内陈设的主体，是表现室内风格、个性的重要因素，它们的色彩和背景色彩有着密切关系（图2-1-42、图2-1-43）。

（3）软装饰物色彩

① 织物色彩。这里所说的织物包括窗帘、帷幔、床罩、台布、地毯、沙发、座椅布料或套等蒙面织物。它们虽然面积不大，但其材料、质感、色彩、图案千姿百态。室内织物和人的关系较为密切，在室内色彩中起着举足轻重的作用（图2-1-44、图2-1-45）。

图2-1-42　家具的原木色彩传达出古朴的气息

图2-1-43　深色的家具具有古典美

图2-1-44　沙发的质感、色彩在室内显得醒目

图2-1-45　室内整个织物色彩十分协调

② 陈设色彩。灯具、电视机、电冰箱、热水瓶、烟灰缸、日用器皿、工艺品、绘画雕塑，它们体积虽小，常可起到画龙点睛、锦上添花的作用，不可忽视。在室内色彩中，常作为重点色彩或点缀色彩（图2-1-46、图2-1-47）。

③ 绿化色彩。盆景、花篮、吊篮、插花等有不同的色彩、情调和含义，和其他色彩容易协调，它们对丰富空间环境、创造空间意境、加强生活气息、软化空间肌体，有着特殊的作用（图2-1-48 ～图2-1-51）。

图2-1-46　花蕾的色彩点活了空间

图2-1-47　窗帘与沙发背靠的色彩相互呼应

图2-1-48　餐桌上的插花带来了清雅

图2-1-49　深绿色植物衬托了红白的花

图2-1-50　丰富的植物色彩使餐区格外浪漫

图2-1-51　桌上的一束鲜花使空间生机盎然

3.室内软装饰的色彩设计

室内软装饰物的色彩在整个室内色彩中不是孤立存在的，它既依附在室内色彩主调的统一下，又对整个室内色彩的空间层次、风格氛围和视觉中心起到对比变化、强调突出的作用。要达到这些色彩设计的目的，通常会应用到下列3个方法。

（1）色彩的重复或呼应

即将同一色彩用到关键性的几个部位上去，从而使其成为控制整个室内的关键色。例如用相同色彩于家具、窗帘、地毯，使其他色彩居于次要的、不明显的地位。这样能使色彩之间相互联系，形成一个多样统一的整体。色彩上取得彼此呼应的关系，才能取得视觉上的联系，唤起视觉的运动。例如白色的墙面衬托出红色的沙发，而红色的沙发又衬托出白色的靠垫，这种在色彩上图底的互换性，既是简化色彩的手段，也是重复或呼应色彩关系的一种方法（图2-1-52、图2-1-53）。

图2-1-52　沙发上的靠垫色彩与窗帘的图案色彩形成呼应

图2-1-53　墙面画与物体和地面的色彩相呼应

（2）色彩的节奏和连续

色彩有规律的布置，容易引起视觉上的运动，或称色彩的韵律感。色彩韵律感不一定用于大面积，也可用于位置接近的物体上。当在一组沙发、一块地毯、一个靠垫、一幅画或一簇花上因具备相同的色块而取得联系时，会使室内空间物与物之间的关系像“一家人”一样，显得更有内聚力。墙上的组画、椅子的座垫、瓶中的花等均可作为布置韵律的地方（图2-1-54、图2-1-55）。

（3）色彩强烈对比

色彩由于相互对比而得到加强，一旦室内存在对比色，就会使其他色彩退居次要地位，人的视觉很快集中于对比色。通过对比，各自的色彩更加鲜明，从而加强了色彩的表现力。提到色彩对比，不要以为只有红与绿、黄与紫等色相上的对比，实际上采用明度的对比、纯度的对比、清色与浊色对比、彩色与非彩色对比（图2-1-56～图2-1-59），或哪些色彩面积减小加大一些都可获得色彩布置的最佳效果。不论采取何种加强色彩对比的方法，其目的都是为了达到室内的统一和变化。

图2-1-54　室内物品的造型色彩产生节奏感

图2-1-55　绿色将窗帘和壁挂及床上用品等连接产生节奏

图2-1-56　室内色彩的纯度对比

图2-1-57　室内色彩的明度对比

图2-1-58　室内色彩的彩色与非彩色对比

图2-1-59　室内清色与浊色的对比

总之，室内色彩在色调统一的基础上可以采取加强色彩表现的办法，即重复、连续和对比强调室内某一部分的色彩效果。室内的趣味中心或视觉焦点，同样可以通过色彩的对比等方法来加强它的效果。通过色彩的重复、呼应、联系，可以加强色彩的韵律感和丰富感，使室内色彩达到多样统一，统一中有变化，不单调、不杂乱，色彩之间有主有从有中心，形成一个完整和谐的整体。

四、软装饰在室内环境中的材料设计

软装饰材料在实现室内设计效果方面有着无可比拟的优势，只有了解或掌握软装饰材料的性能，按照整个室内装饰材料的功能需求和风格特点，合理选择所需的软装饰材料，才能在室内环境艺术设计中更易于实现设计师的想法。

1. 软装饰材料的特性

现代室内设计的发展促进了软装饰材料的发展，在实现这些设计的时候，软装饰材料充分发挥了它的优势。软装饰材料的主要特性如下。

① 种类繁多，质感多种多样；材料的色彩和图案变化丰富，具有更多的艺术元素，附加价值更多，能满足现代室内设计的各种不同需要（图2-1-60～图2-1-65）。

图2-1-60　篾和木条材料编制的物品显得自然环保

图2-1-61　金属材料的器皿

图2-1-62　纺织材料做的布艺

图2-1-63　用皮戎等材料装饰的墙面和床

② 施工简便、快捷，保养、维护、更换及清洗方便易行。

③ 相对硬装饰材料而言，软装饰材料在设计加工方面成本更低，而很多的材料还可以再利用，更加节省了资源，充分体现了可持续发展的设计观。

2. 软装饰材料选用的一般原则

（1）满足功能的原则

在选用软装饰材料时，首先应考虑其与整个室内环境设计相适应的使用功能，以使这些软装饰材料在丰富室内空间、体现风格特点、营造环境氛围方面做到材尽其能、物尽其用（图2-1-66、图2-1-67）。

图2-1-64　玻璃装饰器皿

图2-1-65　室内多种材质软装材料的应用

图2-1-66　刻花玻璃隔而不堵的功能作用

图2-1-67　皮戎材料的座椅给人带来舒适感

（2）提高装饰效果的原则

软装饰材料的色彩、光泽、形体、质感和图案等性能都影响着软装饰效果，特别是软装饰材料的色彩、材质肌理、造型图案等对整个室内装饰效果的影响会非常明显。因此，在选用软装饰材料时要合理应用色彩、材质、图案等元素，才能提高室内的装饰效果，给人以舒适的感觉（图2-1-68、图2-1-69）。

图2-1-68　石木陶和植物盆景使墙角充满了艺术性

图2-1-69　用玻璃做的鱼缸具有强烈的装饰效果

（3）“以人为本”的原则

在设计和选择软装饰材料时，还要从有利于人们身心健康的角度出发，软装饰材料尽量选择具有一定隔音隔热作用，并能控制室内噪声的原生态的材料。而室内绿植能对室内空气起到的净化作用，有利于创造安静、平和的室内空间，有助于人的休息，从而提高学习和工作效率。这些都是“以人为本”的设计原则的表现（图2-1-70、图2-1-71）。

（4）安全舒适的原则

在选用软装饰材料时，要妥善处理软装饰效果和使用安全的矛盾，要优先选用天然和环保型材料，比如不易挥发有害气体的材料、在使用过程中不燃或难燃安全型材料等，努力给人们创造一个美观、安全、舒适的环境（图2-1-72、图2-1-73）。

（5）经济性原则

在选用软装饰材料时，尽量做到构造简单、施工方便，易移动和可再次设计利用。这样既缩短了工期，又节约了资源和开支（图2-1-74、图2-1-75）。

图2-1-70　原木板的使用使房间具有乡村气息

图2-1-71　绿植使室内清新宜人

图2-1-72　既美观又安全的金属饰面材料、不锈钢和玻璃的使用

图2-1-73　防腐木和玻璃砖的应用（无害、环保）

图2-1-74　天棚上的树叶图形可取下再利用

图2-1-75　雕塑头像可根据实际需求而移动摆放

3.软装饰材料的设计

以前的室内环境设计中也会有与软装饰材料相关的设计，但是其所占的比例微乎其微，并未成为设计师和居住者考虑的重点，但是，这种状况近年来正在发生急剧的变化。目前国内室内环境设计中流行的“轻装修，重装饰”的设计理念，使软装饰材料的设计和生产得到了大力发展，软装饰材料优势得以充分发挥。软装饰材料种类繁多、形式灵活多变的特性，也为软装饰的设计提供了广阔的空间。虽然说现在室内设计出现了各种设计风格，软装饰材料市场上也有很多的成品与之相适应，但如何挖掘和利用软装饰材料的造型式样、色彩图案、材料质感等去表现室内环境的民族化、人性化、个性化和统一性，仍然是人们追求的方向。

（1）软装饰材料的民族化设计

室内设计中的民族化风格应以传统文化为依托，取其“形”、延其“意”、传其“神”，把传统文化艺术的形式美、寓意美、智慧美和精神美逐步融入到现代室内设计之中。软装饰材料蕴涵的民族性可以从软装饰材料的材质和图案得以体现。从材质方面来讲，能充分利用本民族、本地域的一些材料来设计，就能表现出一些民族风格性的设计，如丝绸具有浓厚的江南气息，在室内大量使用丝质软装饰材料，会形成强烈的婉约风格；使用竹木材料能表现四川、湖南地区的文化；用海南盛产的椰子壳可以设计出具有强烈的地域文化特色的装饰效果（图2-1-76 ～图2-1-79）。

从材料图案来讲，软装饰材料的图案最能体现软装饰材料的民族信息。如龙凤图案象征吉祥如意，涵盖明确的中华民族信息，具有强烈的中国特色（图2-1-80、图2-1-81）。

图2-1-76　丝绸团扇具有浓厚的江南气息

图2-1-77　江南风情的雨伞

图2-1-78　竹木材料做的装饰风铃

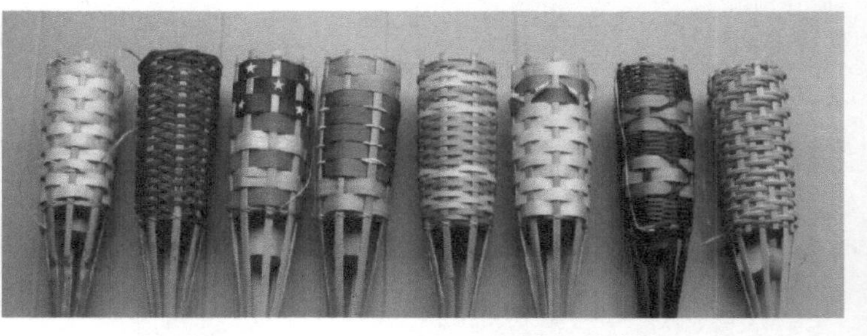

图2-1-79　竹片编织的具有浓郁山地气息的装饰物品

图2-1-80　织物上的龙凤图案带来喜庆吉祥

图2-1-81　古代衣裳图案做的灯架有十分强烈的中国特色

软装饰材料上各种形象鲜明的少数民族图腾也具有浓厚的民族气息，比如彝族的虎图腾、纳西族的牛图腾、满族的马图腾等都透露出强烈的民族文化特色的装饰效果（图2-1-82～图2-1-84）。

图2-1-82　彝族儿童的金属虎图挂锁

图2-1-83　织物的装饰图案应用

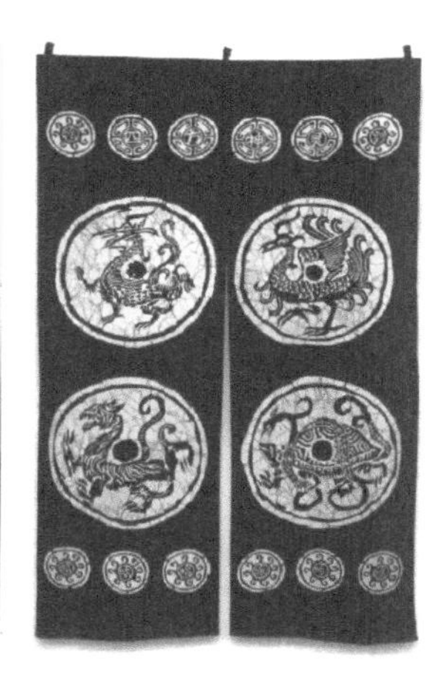

图2-1-84　少数民族的蜡染

（2）软装饰材料的人性化设计

随着经济的迅猛发展和科学技术的飞速进步，人们的居住环境得到了很大改善，人们在追求休闲、宽敞与舒适的室内空间的同时，开始关心自身生理、心理及审美的需要。“以人为本”的人性化设计思想迅速贯穿了整个室内设计界。室内环境设计中的安全性、舒适感、美观实用成为设计目的。所以，设计者在设计时选用什么材质的材料、用什么图案和色彩、比例与尺度如何、软装饰用在哪儿等问题都必须做到胸中有数。室内设计中，室内的软装饰不仅要达到人们所需要安全舒适，还要满足人们所不断提高的审美需求，这样，才能真正做到“以人为本”（图2-1-85、图2-1-86）。

图2-1-85 具有人体工程学设计的充气垫椅

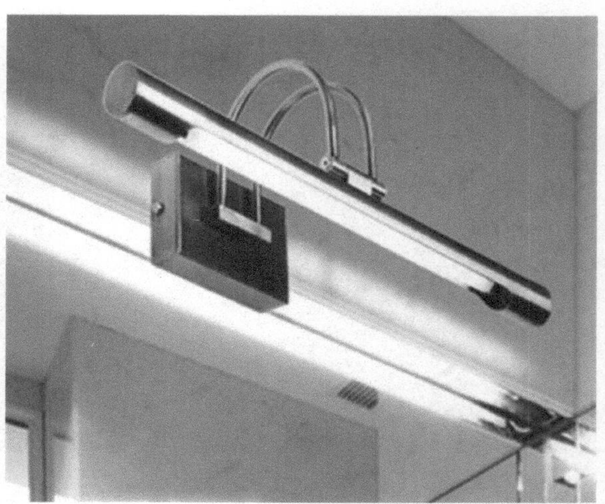

图2-1-86 可调节光源角度的镜前灯更加人性化

（3）软装饰材料的个性化设计

个性化设计要求设计者在设计的过程中，通过对软装饰材料色彩、图案和质感的把握，来展现个性化信息。相对室内的硬装饰而言，软装饰在这些方面更具有独特的优势，这是因为软装饰材料选择范围广，种类丰富，在其色彩、图案及材质等方面都比硬装饰材料更容易加工处理，因此，人们对软装饰材料的选择和使用有了越来越明显的个性化倾向，以此来体现出设计者独特的个性化创意和使用者自己的想法（图2-1-87～图2-1-90）。

（4）软装饰材料的统一性设计

软装饰设计为室内环境的风格和艺术氛围的营造起到了很重要的强化作用。室内设计中能应于软装饰的材料是很多的，但是，如果这些材料应用不当，也会造成室内的杂乱和不协调，因此，在软装饰材料设计应用时，应从整个室内环境的风格式样出发，使软装饰材料的材质、图案、色彩、造型等尽量得到统一，并与室内环境相协调（图2-1-91、图2-1-92）。

图2-1-87 小树枝营造出自然之感

图2-1-88 用小原木的剖面装饰墙角很有个性创意

图2-1-89　个性化材料的天棚装饰设计

图2-1-90　大厅个性十足的材料设计

图2-1-91　天地墙面、楼梯、柱子和座椅等材料统一

图2-1-92　柱材饰料与大厅环境的材料在质色上统一

五、软装饰在室内环境中的文化体现

室内软装饰设计师在创造一个既能满足功能要求，又有艺术性和文化内涵的现代室内环境上进行了大量的探索，尤其是在继承发扬中国的传统文化内涵和国外优秀的文化思想，创造美好人文环境的同时，尽可能做到对文化与情感的宣泄，对人性与生命的关怀，对生态环境与自然资源的最大保护。

1.软装饰的人文精神

室内软装饰的人文精神是中国传统文化的基本精神与西方室内软装饰的审美文化在室内装饰中的集中反映。这些充满物我一体、人天同构的“天人合一”精神、“道法自然无为而无不为”的道家思想、“和而不同”的文化包容精神，以及对自然环境、对人类命运关注的人文主义、理想主义与理性主义等在室内软装饰的展现就是软装饰的人文精神。软装饰的这些人文精神，除了要求色彩、图案、材质等与其完美结合之外，还要求对不同的人的年龄、性别、文化素养、兴趣爱好等诸多方面进行较全面地研究，体现不同层次人的内心理想与追求。通过软装饰的设计来表达环境的审美倾向和人文精神。

2.软装饰的文化内涵

（1）传统文化内涵

我国是一个传统的东方国家，具有丰厚的文化底蕴。由于受到儒家思想、佛教文化的影响，室内软装饰主要是突出传统的东方色彩和文化，以庄严典雅或灵性飘逸为主要特征，在结构装饰上注重展现东方端庄大方的气韵和丰满华丽的文采。如家具的摆放、图案纹饰的配置排列、字画古玩的悬挂陈设，常采用对称、均衡的手法，以获得庄重典雅的气势。这种传统设计和巧妙的布局，正是东方文化的内涵所在（图2-1-93 ～图2-1-98）。

图2-1-93　对称均衡的家具摆放显示出庄重典雅

图2-1-94　吊灯、椅子、雕塑与墙面中国象棋图体现了中国文化

图2-1-95　汉字的设计应用增强了室内的文化品位

图2-1-96　中国画表现了传统文化精神

图2-1-97　笼灯、干枝、木椅和画框在描绘有牡丹花天棚映罩下有了文化味道

图2-1-98　京剧脸谱使室内京味十足

（2）多元化文化内涵

随着我国改革开放步伐的加快，中西方的文化交流不断扩大，西方开放式的审美文化与我国传统文化的碰撞，使得我国的室内软装饰文化呈现出了多元化的发展格局。在各种艺术形式和文化观念掺加一些中国的设计元素，深深地影响到了室内设计中的各种风格。因此，了解不同时期、不同地域、不同国家的审美文化与装饰形式，将指导我们更多地在文化层面上认识软装饰的传统意义与多元化的文化内涵（图2-1-99～图2-1-102）。

图2-1-99　传统的中式装饰与西式的吊灯形式融汇一起

图2-1-100　简洁的沙发配以荷花图别有风趣

图2-1-101　现代风格的座椅与中国工笔画结合

图2-1-102　中西合璧的设计

（3）软装饰的精神情感

在室内软装饰的精神情感表达方面，往往需要运用符号学原理来抓住室内软装饰设计的本质及其与室内空间精神的内在联系，这种精神情感层面表达的元素形式，更多的借用了物像的点线面、直曲方圆等所透露出来的意向性。进一步探索软装饰形式与符号学意义之间的关系，有助于为室内软装饰设计表现内在的精神情感提供创新的设计符号。在室内软装饰设计中的应用方式可以有多种形式，有对具有符号意义的装饰与文化元素的直接运用，如对软装饰物品中寄寓物象性、哲学观念与宗教信仰等社会思想；也有通过相应的装饰形式，来表现刚柔向上、聚散合围等精神情感（图2-1-103～图2-1-108）。

图2-1-103　木质雕刻、陶器和梅花的运用

图2-1-104　有神气的室内环境

图2-1-105　方形元素的使用给人以简洁硬朗的精神感觉

图2-1-106　具有禅意的环境

图2-1-107　室内点线面的构成有稳定向上的意味

图2-1-108　造型、灯光、材料组成了梦幻的环境

练习与思考

1. 软装饰色彩的作用是什么？

2. 对软装饰所体现的审美与文化价值进行分析。

3. 以一个实例来分析说明软装饰在其功能设计上的作用。

课题二　软装饰与室内风格营造

一、软装饰营造中式风格

中式风格室内软装饰设计是以中国传统文化为基础，具有鲜明的民族特色，主要以明清时期古典建筑为基础的室内设计风格（图2-2-1、图2-2-2）。

图2-2-1　造型简洁、做工讲究、色彩古朴的中式风格

图2-2-2　具有鲜明民族特色的中式风格

1. 基本特点

中式风格具有以下基本特点。

① 具有庄重、典雅的气度，布局对称、均衡。

② 在装饰图案中，喜欢用龙、凤、人、虎等作为题材，象征着含蓄、超脱的灵性境界。

③ 具有简洁、明快的气息，色彩纯正、对比、调和，而且常用花、草、鸟、虫作画，体现人与环境的和谐共生。

2. 构成元素

（1）家具、陈设

中式风格以明清古典家具为主，最大特点是风格古朴自然，做工考究，整体造型简洁，格调端庄高雅，讲究对称之美。色彩方面主要以红、黑两种为最，这两种色彩让人感觉到浓重而成熟，充满内涵。常选用家具材质为红木。为打破红木厚重的感觉，常常在红木座椅背或床头上运用柔软的中式花纹的靠垫，或用精细工艺雕琢出中式元素的镂空靠背，采用这种软硬结合的方式协调厚重家具给人带来的沉重的视觉感受。中式风格在陈设品讲究对称与层次，较擅长运用字画、古玩、盆景等营造出浓浓的文化气息（图2-2-3、图2-2-4）。

图2-2-3　屏风的使用

图2-2-4　中式元素与书画

（2）植物

中式风格植物注重氛围的营造，如宁静雅致的氛围，室内可以摆放古人喻之为君子品质的高尚植物元素，如兰草、青竹、君子兰等。如果需要追求方正、平稳的寓意，则叶片宽大的龟背竹、发财树正好体现这种气韵。或是在玄关处放置一处寒梅，这可以表明主人高尚的品位，同时也把中式风格的魅力挥洒到极致（图2-2-5、图2-2-6）。

图2-2-5　中式家居风格中植物的运用

图2-2-6　体现中式风格的竹子植物

3.饰品

饰品品种很多，妙趣横生，常见的有中国结、宫灯、福字等。每当节日来临时，人们还会购买悬挂红辣椒、对鱼、彩球、大红灯笼等饰品，增添了节日的喜庆气氛，也表达着新的一年红红火火、年年有余的美好愿望（图2-2-7、图2-2-8）。

图2-2-7 红灯笼在中式软装饰中最常选用

图2-2-8 红灯笼的应用

二、软装饰营造欧式风格

欧式风格最早来源于埃及艺术。埃及的历史起源被定位于公元前2850年左右。埃及的末代王朝君主克雷澳帕特拉于公元前30年抵御罗马的入侵。之后，埃及文明和欧洲文明开始合源。后来，希腊艺术、罗马艺术、拜占庭艺术、罗曼艺术、哥特艺术、构成了欧洲早期艺术风格（图2-2-9～图2-2-14）。

图2-2-9 在空间中大量融入华丽高雅的设计元素

图2-2-10 豪华富丽、充满动感的欧式风格

图2-2-11　桃花心木家具与缇花布料搭配凸显欧式古典高贵之美

图2-2-12　精致的欧式风格设计

图2-2-13　大型油画作品凸显出欧式风格

图2-2-14　艺术氛围浓郁的室内设计

欧式软装饰中家具造型极其轻盈，床、沙发、桌子采用精美典型雕花，雕饰采用花叶、飞禽和涡卷等图案，用黑色、金属增强效果。多用纤细的“牝鹿腿”表现出流畅精致的风格（图2-2-15 ～图2-2-17）。

图2-2-15　欧式家具（1）

图2-2-16　欧式家具（2）

欧式软装饰用品家具做工精致、轮廓分明，雍容华贵的地毯、精心雅致的台灯、大型灯池、还有浪漫的罗马帘、精美的油画、制作精良的雕塑工艺品，都是点染欧式软装饰风格不可缺少的元素（图2-2-18～图2-2-21）。

图2-2-17 欧式家具（3）

图2-2-18 欧式软装饰（1）

图2-2-19 欧式软装饰（2）

图2-2-20 欧式软装饰（3）

图2-2-21 欧式软装饰（4）

三、软装饰营造日式风格

日式风格又称和式风格。13 ～ 14世纪时日本佛教建筑将日本佛教寺庙、传统神社和中国唐代建筑特点相互融合，逐渐形成了较为成熟的日式建筑。

在日式风格中，回归自然就是最大的特色。日式风格无论是在色彩、功能方面，还是造型的设计上都推崇贴近自然，强调自然主义，它常以自然界的材料作为装饰材料，采用木、竹、树皮、草、泥土、石等，既讲究材质的选用和结构的合理性，又充分展示其天然的材质之美，体现人与自然的融合，让使用者有置身自然的感觉（图2-2-22 ～图2-2-24）。整个空间造型简洁，线条清晰，以淡雅节制、深邃禅意为境界，重视实际功能。其最大的特点是进口处以推拉门的形式与外面分隔，室内设有榻榻米，便于人们席地而坐或席地而卧，并运用屏风、帘幔、竹帘等分割室内空间，设计上线条清晰，在空间划分中避免曲线，在空间布局上力求小、精、巧，搭配时以低姿、简洁、工整、自然为标准（图2-2-25）。

图2-2-22　藤编饰物的使用

图2-2-23　榻榻米、半透明樟子纸的使用

图2-2-24　日式木质移门

图2-2-25　日式自然主义风格的设计

日本人讲究禅意，淡泊宁静，清新脱俗，居室的布置淡雅、简洁。一般日本民众，室内都偏重原木色，室内顶面材料喜欢采用深色木纹顶纸，墙面采用白色，室内空间以素淡、典雅、华贵的特色呈现自然风格（图2-2-26、图2-2-27）。

图2-2-26　以木质色调为主的日式风格

图2-2-27　造型线条简洁的日式风格

日式家具以榻榻米、矮凳、矮桌、矮柜、暖炉台等为主，极具特色，非常注重材料的质感，线条简洁，工艺精致，以利落的直线条、简单的框架等几何造型为特色，在此基础上，配以风铃、竹帘，甚至是陶瓷器皿等小饰品，给人以“万绿丛中过，片叶不沾身”的空灵感觉（图2-2-28～图2-2-30）。另外受佛教影响，居室布置也讲究一种“禅意”，崇尚自然状态为禅宗的审美理念，它强调空间中自然与人的和谐，令人置身其中，体会到一种“淡淡的喜悦”，体现的是一种静心、深思、顿悟的境界（图2-2-31）。

图2-2-28　低矮家具的运用

图2-2-29　日式餐桌上的布艺桌垫以及块毯的设计

图2-2-30　陶瓷器皿等小饰品的使用

图2-2-31　蜡烛装饰营造出禅意

四、软装饰营造地中海风格

地中海的装饰风格主要指沿欧洲地中海北岸一些国家、南部沿海地区以及北非的居民住宅，因富有浓郁的地中海风情和地域特点而得名。其基本特征如下。

1.清新自然的材质

地中海风格所用材料大部分取自广阔的海洋，当地盛产的沙、贝以及灰岩，均被人们用于建筑的装饰。如贝壳加细沙或灰岩粉刷的墙，用陶土做成的家居建材用品或烧制的生活用具，用陶土特殊加工的马赛克，都能令人感受到一种自然的气息。家具常采用原木制作，讲究自然纹理，或用贝壳镶嵌，或者用竹藤编织。在室内织物材质上通常选用棉麻制作，比如。地毯、窗帘、床上用品等，很容易让人看到自然的影子（图2-2-32、图2-2-33）。

图2-2-32　丰富的材质肌理变化

图2-2-33　地中海装饰风格

2.丰富的色彩体系

色彩是地中海风格中具有独特识别性的标志，地中海的色彩源于它特定的地域、气候、人种、习俗、文化等因素。不同环境影响人们对色彩的择取，形成不同地方不同的色彩组合方式。如果对地中海风格的色彩组合按地区色彩偏向性做一个归纳的话，可分为蓝白色—希腊色系；米黄色—托斯卡纳系；蓝紫、绿色等浓郁多彩色—摩洛哥、西班牙、法国南部系列；赭红色、中黄—北非系列。其中尤以蓝白色调为经典（图2-2-34～图2-2-36）。

3.独特多变的造型

地中海风格在造型上形成独特的穿插交织模式，回廊、穿堂、过道、露台和庭院几个构造元素的运用，大量拱门半拱门、回廊与露台的穿插造型，丰富了其建筑的外立面（图2-2-37）。

图2-2-34　蓝白色系为主的地中海风格

图2-2-35　米黄色系的地中海风格

图2-2-36　以白色为主的地中海风格

图2-2-37　独特多变的地中海风格

4.软装饰

（1）家具

地中海风格家具力求表现质感本身的美感，用简单的线条和低彩度的颜色传达大自然的真理，因此地中海风格家具色彩常用土黄、棕褐色、土红色、水洗白色或直接保留木材的原色。地中海家具材质选择上以充满自然感的原木为主，兼用大理石、象牙、贝壳等做装饰辅助材料。原木家具通常会做旧处理。做旧后的家具流露出古典家具才有的气质。另外还会运用自然清新的藤编家具、优美的锻打铁艺家具以及水泥浇筑的家具等（图2-2-38、图2-2-39）。

图2-2-38　地中海风格家具（1）

图2-2-39　地中海风格家具（2）

（2）布艺

地中海风格的纺织品以其柔软的质感和强烈的色彩著称。装饰纹样多素雅的条纹图案、各种帆船、鱼虾、贝壳等海洋图案、植物图案、几何形状图案等。布艺在材质的选择上都以棉麻为主。地中海因国家众多，布艺色彩丰富多彩，主要采用白色、蓝色、沙滩色、北非赤土色、当地植物花草色等色彩，而窗帘、纱幔一般采用白色，布艺面料多采用棉麻材质，纱幔尤显轻薄透气（图2-2-40、图2-2-41）。

图2-2-40　带有植物和海洋图案的地中海风格布艺

图2-2-41　地中海风格的纺织品

（3）陈设饰品

地中海风格的陈设品有陶瓶画、湿壁画、雕塑及植物花卉、海洋主题饰品、铁艺工艺品、陶瓷饰品、民族饰品等。装饰品多围绕传统图案、海洋图案、植物、水果图案古典瓶画人物等展开。地中海风格植物常选用的香草花卉有九重葛、绣球花、郁金香、薰衣草、向日葵等（图2-2-42、图2-2-43）。

图2-2-42　具有个性装饰的墙面

图2-2-43　地中海风格陈设品

（4）灯具

地中海室内灯具一般采用铜艺灯具（图2-2-44）、铁艺灯具（图2-2-45）和藤编灯具，运用天然材质追求自然古朴。如西班牙伊维萨岛上起居室使用的精良黄铜装饰吊灯，黄铜灯散发的柔美光线使房间显得精致而富有氛围。其次还有以自然材质为原料的特殊工艺灯具，如贝壳工艺灯具、马赛克灯具等，造型上多取自于传统造型和大自然的形态，如花朵、贝壳、珊瑚等，具有强烈的地中海风格特色。

图2-2-44　黄铜吊灯

图2-2-45　铁艺吊灯

五、软装饰营造简约风格

简约风格就是简单而有品位，它起源于现代派极简主义，著名的现代主义建筑大师路德维希·密斯·凡德罗提倡在满足功能基础上做到最大程度的简洁。其基本特征如下。

1.功能

室内墙面、地面、顶棚以及家具陈设乃至灯具器皿等均以简洁的造型、纯洁的质地、精细的工艺为其特征（图2-2-46）。尽可能不用和取消多余的东西，强调形式应更多地服务于功能（图2-2-47）。

图2-2-46　简约风格的室内设计

图2-2-47　黑白色抽象装饰画的使用

2.色彩

空间简约，色彩就要跳跃出来。苹果绿、深蓝、大红、纯黄等高纯度色彩大量运用，大胆而灵活，不单是对简约风格的遵循，也是个性的展示（图2-2-48、图2-2-49）。

图2-2-48　简单而有品位的风格的营造

图2-2-49　局部色彩鲜艳的墙饰与整体居室的白色形成对比

3.材质

大量使用钢化玻璃、不锈钢等新型材料作为辅材，能给人带来前卫、不受拘束的感觉（图2-2-50、图2-2-51）。

图2-2-50　大量不锈钢的使用

图2-2-51　玻璃等科技感强烈的材料应用

六、软装饰营造东南亚风格

东南亚风格指装饰设计中采用印度尼西亚、泰国、印度等国家的经典元素和融合东西方文化的精髓，是一种接近自然，能抒发身心的新潮风格。其带给我们一种自然朴实的乡土感。

1.基本特点

材质上以天然的实木为主，大量以柚木材料来运用（图2-2-52）。造型上以直线表达为主。在配色方面，比较接近自然，采用一些原始材料的本色搭配，营造出神秘、幽静、清雅的居室氛围和异域风情（图2-2-53）。

图2-2-52　大量以柚木材料运用

图2-2-53　色彩相互呼应的室内设计

2. 软装饰

（1）家具

东南亚风情崇尚自然、原汁原味，以水草、海藻、木皮、麻绳、椰子壳等粗糙、原始的纯天然材质为主，家具大多采用两种以上不同材料混合编织而成。藤条与木片、藤条与竹条，材料之间的宽、窄、深、浅，形成有趣的对比，带有热带丛林的味道。

（2）色彩

以温馨淡雅的中性色彩为主，局部点缀艳丽的红色，自然温馨中不失热情华丽（图2-2-54、图2-2-55）。

图2-2-54 温馨而又热情华丽的风格（1）

图2-2-55 温馨而又热情华丽的风格（2）

（3）材质

在材质上，运用壁纸、实木、硅藻泥等，演绎原始自然的热带风情（图2-2-56、图2-2-57）。

图2-2-56 东南亚风格软装饰

图2-2-57 东南亚风格雕塑

七、软装饰营造田园风格

田园风格是指采用具有“田园”风格的建材进行装修的一种方式。简单地说就是以田地和园圃特有的自然特征为形式手段，带有一定程度农村生活或乡间艺术特色，表现出自然闲适内容的装饰风格。

1.基本特点

田园风格的设计特点，是崇尚自然而反对虚假的华丽、繁琐的装饰和雕琢的美。它摒弃了经典的艺术传统，追求田园一派自然清新的气象，在情趣上不是表现强光重彩的华美，而是纯净自然的朴素，以明快清新具有乡土风味为主要特征（图2-2-58、图2-2-59）。

图2-2-58　自然清新的田园风格（1）

图2-2-59　自然清新的田园风格（2）

2.软装饰

（1）家具

田园家具多以奶白、象牙白等白色为主，以高档的桦木、楸木等做框架，配以高档的环保中纤板做内板，优雅的造型，细致的线条和高档油漆处理（图2-2-60、图2-2-61）。

图2-2-60　白色碎花、条纹的运用

图2-2-61　清新的田园风格

（2）织物

织物质地的选择上多采用棉、麻等天然制品，其质感正好与乡村风格不饰雕琢的追求相吻合。通常以花卉、绿色植物为图案（图2-2-62、图2-2-63）。

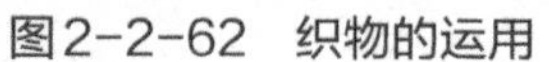

图2-2-62 织物的运用

图2-2-63 碎花面料的运用

（3）植物

一般我们常用的装饰植物有万年青、玉簪、非洲茉莉、丹药花、千叶木、地毯海棠、龙血树、绿箩、发财树、绿巨人、散尾葵、南天竹等（图2-2-64、图2-2-65）。

图2-2-64 田园风格的装饰植物（1）

图2-2-65 田园风格的装饰植物（2）

八、软装饰营造自然风格

繁忙的现代都市人每天面对着钢筋水泥的建筑物，紧张的节奏使他们身心疲惫。人们渴望亲近自然，减轻压力，愉悦身心，于是自然风格的居室装饰逐渐受到人们的喜爱。

1.基本特点

采用天然木、石、藤、竹等材质朴的纹理，在地面、窗等部位常用木质原材料，甚至在棚顶和墙面也有装饰原木的，上面涂以清漆，保留出木质原有的纹理和结构，有时也会用木质与大理石结合运用，使粗犷与细腻形成对比，窗帘等织物装饰常采用棉质布艺。再巧妙设置室内绿化，体现出一种环境与人的亲近关系，使人仿佛有置身于大自然中的感觉，让人们获得精神上的自由和放松（图2-2-66、图2-2-67）。

图2-2-66　木质原有的纹理和结构的保留与运用

图2-2-67　木材的使用

2. 软装饰

（1）织物

花型上大多以自然界的动植物为主，清新淡雅，色彩多用浅绿、淡粉、湖蓝等，使人们感受到大自然的情趣（图2-2-68、图2-2-69）。

图2-2-68　浅绿的色彩清新淡雅

图2-2-69　轻柔织物布艺的运用

（2）家具

造型简单，同时在造型上追求一种原味的感觉，所以在家居选择上经常用到一些旧木（图2-2-70、图2-2-71）。

图2-2-70　原木家具的使用

图2-2-71　纯天然的家居用品

九、软装饰营造北欧风格

北欧风格指欧洲北部挪威、丹麦、瑞典、芬兰和冰岛的室内设计风格。因为这些地区长期处于冬季、气候反差大，具有茂密的森林和充足的水源环境，从而形成了独特的具有原野气息的装饰风格。

1.基本特点

北欧风格给人一种闲散大方的空间感觉，造型利落、简洁，花纹结构精致美观色泽自然而富有灵气，在墙、地、顶的装饰中常常不用纹样和图案来装饰，只用简单的线条和色块来进行点缀，却能巧妙地将功能与典雅结合在一起。因能满足人们对自然环境的需求，深受现代人的喜爱（图2-2-72、图2-2-73）。

图2-2-72　北欧风格（1）

图2-2-73　北欧风格（2）

2.软装饰

（1）材质

采用未经加工的原木，最大限度保持木材原有色彩和质感，常采用玻璃、铁艺、石材等，并以木藤和柔软的纱麻织物为主（图2-2-74、图2-2-75）。

图2-2-74　保持木材原有色彩和质感

图2-2-75　木藤家具

（2）色彩

色彩上多采用鲜艳的纯色。北欧风格的另一个特点就是常运用黑白色进行装饰。白色如北欧的皑皑白雪，柔软、清新、明亮（图2-2-76、图2-2-77）。

图2-2-76 白色为主调的色彩应用

图2-2-77 黑白色进行装饰

（3）造型

北欧风格的代表就是树木和森林，因此软装饰中会经常采用森林图案靠垫、画框、半圆的台灯等，极具创意（图2-2-78、图2-2-79）。

图2-2-78 北欧风格中的造型搭配

图2-2-79 森林图案及半圆台灯的运用

十、软装饰营造美式乡村风格

美式乡村装饰风格主要起源于18世纪各地拓荒者居住的房子。拓荒者在其居住的房子里，通过室内物件的装饰，体现出其具有创新的开垦精神，强烈的怀旧、浪漫情节，以及乡土风情的自然特点。

1.基本特点

美式乡村风格带着浓浓的乡村气息，色彩及造型较为含蓄保守，在布料、沙发的皮质上，强调舒适功能，感觉起来宽松柔软，家具体积庞大，质地厚重，气派而且实用，兼具古典的造型与现代的线条风格，充分显现出自然质朴的特性，摒弃了过多的繁琐与奢华。在室内环境中力求表现悠闲、舒畅、自然的田园生活情趣，也常运用天然木、石、藤、竹等材质质朴的纹理。巧于设置室内绿化，创造自然、简朴、高雅的氛围（图2-2-80～图2-2-83）。

图2-2-80　美式乡村风格设计（1）

图2-2-81　带有原始气息的设计

图2-2-82　美式乡村风格设计（2）

图2-2-83　美式乡村风格设计（3）

2.软装饰

（1）家具

美式乡村风格的家具造型简单、明快、大气，而且收纳功能更加强大。美式家具传达了单纯、休闲、有组织、多功能的设计思想，尤其倡导自然，常采用看似未加工的原木，比如樱桃木、胡桃木来制造家具，以突出原木质感，最后还要进行做旧处理，体现出一种特殊的老旧感。美式家具在细节上的雕琢上也匠心独具，如床头、床尾的柱头，及床头柜的弯腿等一般都是曲线造型（图2-2-84、图2-2-85）。

（2）色彩

美式乡村风格在色彩多以怀旧的土黄色和赭红作为主色调的同时，运用米色、咖啡色及深木色来调配空间色彩，使其温馨舒适（图2-2-86、图2-2-87）。

图2-2-84　造型简单、明快大气的家具

图2-2-85　家具突出原木质感与曲线造型

图2-2-86　怀旧的土黄色调

图2-2-87　咖啡色及深木色调

（3）材质与图案

家具的材质以白橡木、桃花心木或樱桃木为主。各式大花图案的布艺沙发备受青睐，它们带着甜美的乡间气息，给人一种自由奔放、温暖舒适的心理感受。棉麻材质是主流，布艺的天然感与乡村风格能很好地协调。在配饰上，各种花卉植物、碎花壁纸，小碎花花布摇椅、铁艺制品等都是乡村风格中常用的东西（图2-2-88、图2-2-89）。

练习与思考

1.以小组为单位讨论一下美式乡村风格与田园风格的区别有哪些。

2.以小组为单位各完成一种色系的地中海风格软装饰设计方案，每组各派一名代表进行设计说明。

图2-2-88　进行做旧处理的原木家具

图2-2-89　美式乡村风格的软装饰元素

课题三　室内软装饰元素的设计应用

室内环境设计的成功与失败，除了空间与功能、造型与色彩等诸多因素外，其软装饰中很多设计元素的应用也十分重要。这些设计元素涉及的物象体现在室内环境设计中的方方面面，如家具布艺、陈设书画、花艺绿植、照明灯具等，了解和掌握这些软装饰设计元素，是我们学习室内环境设计中不可缺少的重要内容。

一、家具与室内软装饰

家具是人们日常生活中使用的器具，是室内设计的重要组成要素。随着人类文明的进步和生产力的发展，人们生活也越来越离不开家具了。家具作为一个占地面积最大和使用面积最多的空间主体，它与室内其他装饰物共同构成了室内软装饰设计的内容。它对一个室内环境的风格呈现起着举足轻重的作用，是室内软装饰里面的重中之重。

家具具有强调主题和分割空间、转换空间使用功能的作用。它不仅为我们的工作学习、生活带来了方便，同时还为室内空间带来视觉上的美感和触觉上的舒适感。也就是说一件好的完美的家具，不但要具备完善的使用功能，而且要能最大程度地满足人们审美意识和精神需求。

1.家具的主要类型

随着人们的经济基础和精神需求的不断提高，作为居室中最重要元素的家具也发生了明显的变化，它已从过去讲究单一的实用性转化为装饰性与个性化相结合。如今，各种五花八门的新潮时尚的家具也相继面市。

家具的种类根据不同的分类方法有所不同。

① 按风格可分为现代家具、欧式家具、美式家具、中式古典家具等（图2-3-1 ～图2-3-5）。

② 按材质可分为实木家具、板式家具、软体家具、藤编家具、竹编家具、金属家具、钢木家具，以及其他材料组合如玻璃、大理石、陶瓷、无机矿物、纤维织物、树脂等（图2-3-6）。

图2-3-1　中式古典家具

图2-3-2　欧式家具

图2-3-3　美式家具

图2-3-4　现代家具

图2-3-5　现代家具

图2-3-6　布艺家具

③ 按功能可分为办公家具、客厅家具、卧室家具、书房家具、儿童家具（图2-3-7）、厨卫家具（设备）等。

④ 按产品的档次可分为高档、中高档、中档、中低档。

⑤ 按产品的产地可分为进口家具和国产家具。

⑥ 按结构类型可分为框式家具、板式家具（图2-3-8）、可拆装家具、软体家具等。

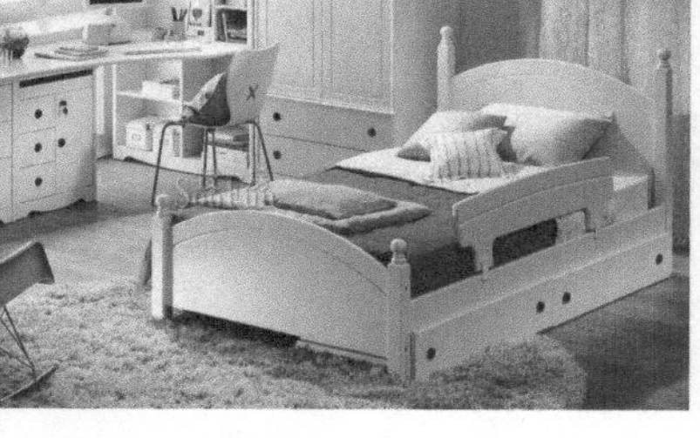

图2-3-7　儿童家具

图2-3-8　板式家具

2. 家具的主要作用

在室内设计中，室内空间作为一个整体存在，同时又是由许多个体构成的。我们利用家具这种可移动的软装饰物创造出的二次空间，不仅能使空间的使用功能趋于合理，更能使室内空间更富层次感。例如我们在进行居室空间设计时，可以利用家具去重新组织划分一些小型空间，在适当的地方配以植物和其他装饰元素，既弥补了原空间的不足，创造和丰富了空间，又更好地营造了整个室内的装饰环境和艺术氛围，从而满足了人们不同的实用和审美需求。

家具的主要作用体现在实用和审美两大功能上。

（1）家具的实用功能

① 分隔空间。为了提高大空间的使用效率，增强室内空间的灵活性，常用家具作为隔断，将室内空间分隔为功能不同的若干个空间，目的是创造一个更为舒适的工作、学习和生活的环境。这种分隔方式的特点是灵活方便，可随时调整布置，不影响原空间结构形式。如在居室设计中，利用橱柜来分隔房间；在厨房与餐厅之间，利用吧台、酒柜来分隔；在商场、超市利用货架、货柜来划分区域等（图2-3-9、图2-3-10）。

② 组织空间。通过对室内空间中所使用家具的组织，可以创造二次空间，丰富空间层次。将室内空间分成几个相对的独立部分，就是用家具把室内空间分成起居、睡眠区，以组织人在空间内的活动，同时也组织了人流的活动流向。经过对家具的组织，可使较凌乱的空间在视觉和心理上成为有秩序的空间。如小户型的单间配套，可利用橱柜的操作台面来组织出开敞的厨房空间和其他空间，使之看似有空间的限定，实则无明显划分。这样就既保证了空间原有的宽敞性，又满足了人们的使用功能（图2-3-11、图2-3-12）。

（2）家具的审美功能

① 调节室内环境的色彩。家具的色彩和质地对室内氛围的营造起到重要的作用。家具色彩的选择应首先对室内整体环境色彩进行总体控制与把握，与室内空间六个界面的色

图2-3-9　红色的隔断

图2-3-10　开敞式厨房中设有隔断兼餐桌

图2-3-11　利用沙发的合围摆放组织空间

图2-3-12　用活动的餐桌来组织空间

彩一般应统一、协调，但过分的统一又会使空间显得呆板单调。因此，我们宜在充分考虑总体环境色彩协调统一的基础上选择家具的色彩，使家具色彩起到对室内环境整个色彩的调控，赋予室内环境色彩统一与变化，达到人们的视觉和心理上的美感需求（图2-3-13、图2-3-14）。

图2-3-13　家具与灯具和墙面造型的色彩统一

图2-3-14　餐桌椅与隔断等统一协调

② 营造艺术氛围，提高艺术修养。家具是一种具有时代特色和文化艺术内涵的产品，不同时期的家具反映出不同时期的社会文化背景和人们的审美要求；室内空间也因为家具在其造型式样和色彩的应用不同，而对人们产生不同的心理感受。家具的这些造型和色彩实际上也体现了不同的艺术风格，它不仅能影响到室内空间的风格特点，也会营造出室内空间强烈的艺术氛围，提高居住者的艺术修养（图2-3-15～图2-3-18）。

图2-3-15　欧式古典造型式样的家具的使用

图2-3-16　北美风情的家具运用

图2-3-17　创意感强的书架给室内增添了艺术氛围

图2-3-18　花的沙发、垂吊物和花的墙面使环境温馨亮丽

3. 家具布置的一些原则

（1）静动得当，按区布置

家具是房间布置的主体部分，家具摆设不合理不仅不美观而且又不实用，甚至给生活带来种种不便。家具布置要静动得当，即家具占用的实体空间为静态空间，它要与人活动的流动空间安排合理，在布置家具时要考虑室内人流路线和空间面积的大小，使人的出入活动快捷方便，不能曲折迂回，更不能造成使用家具的不方便。通过家具的相互组合，安排好人与家具之间的尺度关系，家具与家具之间才能井井有条，方便人的活动。

人们习惯把一间住房分为三区，一是安静区，离窗户较远，光线比较弱，噪声也比较小，以旋转床铺、衣柜等最为适宜；二是明亮区，靠近窗户，光线明亮，适合于看书写字，以放写字台、书架为好；三是行动区，为进门的过道，除留一定的行走活动地盘外，可在这一区放置沙发、桌椅等。家具按区摆置，房间就能得到合理利用，并给人以舒适清爽感（图2-3-19、图2-3-20）。

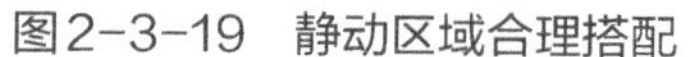

图2-3-19 静动区域合理搭配

图2-3-20 合理的家具布置区分了空间

（2）高低相接，错落有致

具体地说，放置家具应先大后小、先高后低、高低相接，错落有致地进行，因为小件家具总是依附于大件家具。大件家具一般指床、大橱、写字台、沙发等。高大家具与低矮家具还应互相搭配布置。高度一致的组合柜，严谨有余而变化不足；家具的起伏过大，又易造成凌乱的感觉，所以，不要把床、沙发等低矮家具紧挨大衣橱，以免产生大起大落的不平衡感。最好把低矮家具作为过渡家具，给人视觉由低向高的逐步伸展，以获取较好的视觉效果。高大的柜厨应放在靠墙的一角。在进门或窗口处，应放置低矮的家具。这样，高低调配，互相补充，使室内整体和谐统一。若一侧家具既少又小，可以借助盆景、小摆设和墙面装饰来达到平衡效果（图2-3-21、图2-3-22）。

图2-3-21 家具的错落搭配

图2-3-22 家具搭配出和谐统一

（3）功能相联，视觉平衡

将功能上有联系的家具布置在一起，根据不同的房间的功能需求来安排家具，以保证使用方便。在功能上，每套家具均需具有睡、坐、摆、写、储等基本功能。若功能不全就会降低家具的实用性，至于挑选哪种功能的家具，应根据居室面积及室内门窗的位置统筹规划。

如床不宜直接对门或放置在靠窗口的位置，否则，容易产生房间狭小的感觉。床头低平的一面应对活动区。同时，床最好不要对着大衣柜的镜子。在衣橱方面，因为多数橱柜比较高大，不宜靠近门窗，以免影响室内光照；而且，家具长时间风吹日晒，也容易造成损坏。一般来说，写字台应尽量安放在靠窗或光线充足、通风良好的地方。如果还需搭配其他家具，要注意留有足够的活动余地。同时，要尽量保证不同家具从视觉感官上所营造的使空间有增大或缩小的效应。如大件家具在视觉上会使房间变小，而大房间里放了太多的小规格家具则会显得凌乱。另外，家具的大小和数量应与居室空间协调。住房面积大的，可以选择较大的家具，数量也可适当增加一些。家具太少，容易造成室内的空荡荡的感觉，且增加人的寂寞感。住房面积小的，应选择一些精致、轻巧的家具。家具太多太大，会使人产生一种窒息感与压迫感（图2-3-23、图2-3-24）。

图2-3-23　沙发等家具构成一个合围的向心空间

图2-3-24　居室较小书架与床组合

（4）整体配套　风格统一

当居住者装饰装修完自己的房间以后，考虑的一个主要问题就是选择一套什么样的风格式样、材质色彩的家具，如果选择配置的家具造型新颖、色彩悦目、用料考究、功能齐全，无疑会使室内空间锦上添花，否则会造成室内杂乱无章，没有风格而遗憾终生。因此，在造型上，要

图2-3-25　造型统一的室内装饰

图2-3-26　风格统一的室内搭配

求每件家具的主要特征和工艺处理一致。比如，一套家具的腿的造型必须一致，不能有的是虎爪腿，有的是方柱腿，有的是圆形腿，这样，整个风格就会显示得十分不协调。同时，家具的细部最好都呈现一致的造型，如抽屉和橱门的拉手等（图2-3-25、图2-3-26）。

最后，家具最好配套，以达到家具的大小、颜色、风格和谐统一，以及线条的优美、造型的美观。家具与其他设备及装饰物也应风格统一，有机地结合在一起。

二、墙饰与室内软装饰

1.墙纸

墙纸，也称为壁纸，它是一种应用相当广泛的室内墙面装饰材料。因其具有色彩多样、图案丰富、豪华气派、安全环保、施工方便、价格适宜等多种其他室内装饰材料所无法比拟的特点，故在现代室内设计中得到相当程度的应用。墙纸分为很多类，如覆膜墙纸、涂布墙纸、压花墙纸等。因为其具有一定的强度、美观的外表和良好的抗水性能，被广泛用于住宅、办公室、宾馆、酒店等室内装修。

（1）墙纸的类型

常用的墙纸有云母片墙纸、木纤维类墙纸、纯纸类墙纸、无纺布墙纸、墙布类墙纸、树脂类墙纸、发泡墙纸、织物类墙纸、矽藻土墙纸等（图2-3-27）。

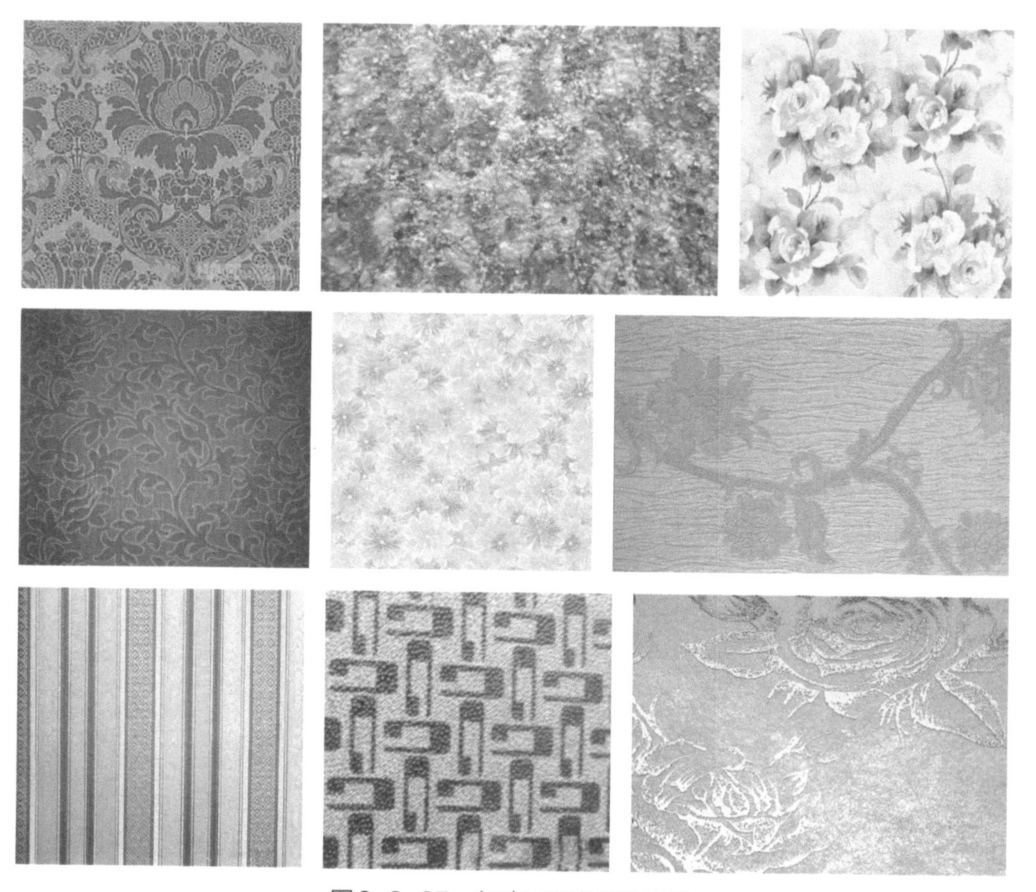

图2-3-27　各种不同类型的墙纸

（2）墙纸的特点

优点：纸底胶面墙纸是目前应用最为广泛的墙纸品种，它具有色彩多样、图案丰富、价格适宜、耐脏、耐擦洗等主要优点。此外，胶面墙纸还能满足您防火、防霉、抗菌的特殊需求。

缺点：墙纸的造价比乳胶漆相对贵些；容易显接缝；不透气材质的墙纸容易翘边；墙体潮气大，时间久了容易发霉脱层；大部分墙纸要更换时，需要撕掉原旧的墙纸并重新处理墙面，比较麻烦。

（3）墙纸的设计运用

墙纸犹如室内墙面穿的礼服，让整个室内环境都充满生动活泼的表情。尤其是个性化和高品质的装修，新型墙纸在质感、装饰效果和实用性上，都有着其他材料难以达到的效果。据国外的专家预测，今后20～50年内，墙纸仍将是室内装饰的主要材料。由于墙纸不同的纹理、色彩、图案会给人不同的视觉效果和心理感受，因此，装修时除了根据自己的兴趣及审美观选择室内墙纸外，还要从墙纸的图案条纹、色彩质感、风格式样、功能区域需求多方面去考虑。

① 图案条纹。墙纸的图案条纹是选择的一个重要因素，大型图案的墙纸会使墙面显小并改变空间的比例，而小型图案的墙纸则会使空间在视觉上变大。有规律的细小图案可以为居室提供一个既不夸张又不会太死板的感觉，可增添室内秩序感（图2-3-28、图2-3-29）。

同时，对于具有条纹形图案的墙纸，横贴和坚贴会给房间带来完全不一样的视觉感受。坚条纹会让室内空间显得狭窄而增加其视觉高度，横条纹会让室内空间显得宽敞而低矮。稍宽型的长条纹适合用在流畅的大空间中，能使原本高挑的空间产生向左右延伸的效果；而较窄的

图2-3-28　大型图案的墙纸会使墙面显小

图2-3-29　小型图案的墙纸则会使空间在视觉上变大

图2-3-30　横条纹使室内空间显得宽敞

图2-3-31　较窄的条纹应用使房间产生视觉的向上引导感

条纹用在小房间里比较妥当，它能使较矮的房间产生向上引导的效果（图2-3-30、图2-3-31）。

② 墙纸的色彩应用。在同一空间内，要充分考虑墙纸色彩的整体性，应选择同色的墙纸，不宜在居住环境中应用反差大的墙纸。相容的色调，能传达整体的美感，而鲜艳对比的搭配，会让空间活泼有变化。自然和谐、浑然一体是墙纸装饰的最高境界（图2-3-32～图2-3-35）。

图2-3-32　同一空间的墙纸色彩协调而统一（1）

图2-3-33　同一空间的墙纸色彩协调而统一（2）

在分割开了的不同室内空间里，可选择不同的色彩搭配，各室内的色彩可以根据室内其他物品的整体要求有所变化，但每一个室内空间的色彩最好要协调而统一。

③ 墙纸的风格设计。在决定墙纸的花色图案风格时，应首先考虑到室内设计表现的整体风格，即做到墙纸的花色图案与地面材料、家具样式、植物花卉饰品和灯光的同步设计。如欧式古典风格的室内设计，以选择大卷叶花类的图案为宜（图2-3-36）；现代风格的室内设计宜选择点线或几何形的图案（图2-3-37）。当然，墙纸的选择同样应符合整体的风格设计，如地

图2-3-34　墙纸的色彩与家具的色彩十分和谐（1）

图2-3-35　墙纸的色彩与家具的色彩十分和谐（2）

图2-3-36　古典的欧式风格墙纸

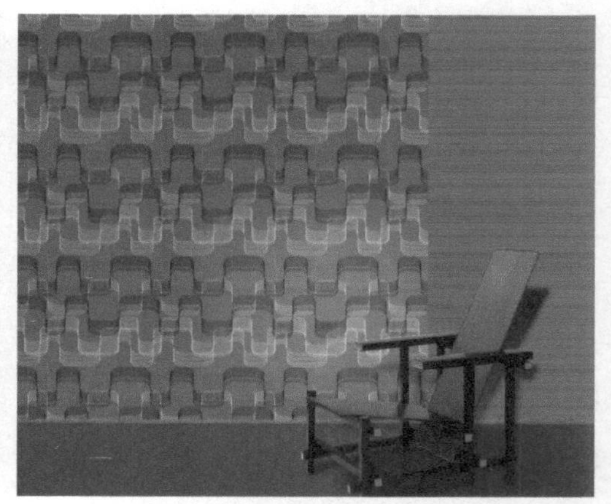

图2-3-37　现代风格的色彩应用

中海风格的室内设计可选择蓝色类的色彩。

（4）墙纸的居室功能

墙纸在居室空间里面是设计应用较为普遍的，多应用在不宜被水源浸湿的墙面。不同的房间根据不同的功能，其所选择墙纸的色彩、图案纹样应符合居室功能的需求。

① 起居室（客厅）。一般起居室是家人及客人主要活动和交流的空间，应选用色彩明快大方、材质较高档、环保透气、耐擦洗性能强的墙纸。在应用到背景墙时，可与周围墙面的色彩在深浅、冷暖和纯度上形成一定对比，以强调视觉冲击效果，构成室内的一个视觉中心。如果背景主题墙与地板的设计相似，它会创造出视觉关联，使居室高度降低，并营造一个舒适的感觉（图2-3-38）。

② 主室。一般是家庭主人休息睡眠的房间，选择暖色调或带小花或带图案的墙纸，可制造出一种温馨、舒适的室内环境（图2-3-39）。

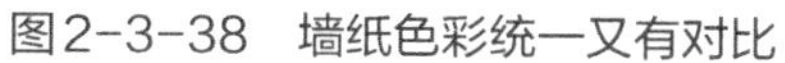

图2-3-38　墙纸色彩统一又有对比

图2-3-39　暖色调的卧室墙纸

③ 次卧。如果主要由老人居住，就应选择一些较能使人安静和沉稳的色彩的墙纸，也可根据老人的喜好选带素花的墙纸（图2-3-40）。

④ 儿童房。一般选择色彩明快跳跃、图案个性强的墙纸，饰以卡通腰线点缀，或上下搭配，如使用上部带卡通图案，下部为素条或素色的墙纸，能营造出欢乐可爱的效果（图2-3-41）。

图2-3-40　老人房的色彩简单而稳重

图2-3-41　儿童房色彩温暖明快而可爱

总之，墙纸在色彩、图案、质地等方面具有明显的特征，所以，在选择使用墙纸时，其整个的视觉感受不能太过突出，毕竟它只是在整个室内空间里面起背景的作用，它要与整个室内的设计统一，和谐相融，才能烘托室内其他的装饰物品，充分地营造出室内的设计风格和气氛。

2.墙面涂料

涂料是指涂敷于物体表面，与基体材料很好地粘结并形成完整而坚韧保护膜的物质。由于在物体表面结成干膜，故又称涂膜或涂层。

人们常说的乳胶漆是以合成树脂乳胶涂料为原料，加入颜料以及各种辅助剂配制而成的一种水性涂料，是室内装饰中最常用的墙面装饰材料。乳胶漆和普通油漆不同，它以水为介质进行稀释和分解，无毒无害，不污染环境，施工简便，工期短，与其他饰面材料相比具有重量轻、无毒、色彩鲜明、附着力强、施工简便、干燥速度快、省工省料、维修方便、质感丰富、价廉质好以及防水、抗碳化、抗菌、耐碱性能、耐污染、耐老化等功能特点。

乳胶漆包括水溶性内墙乳胶漆、溶剂型内墙乳胶漆，而通用型乳胶漆更适合不同消费层次要求，是目前占市场份额最大的一种产品（图2-3-42、图2-3-43）。

图2-3-42　墙面乳胶漆应用（1）

图2-3-43　墙面乳胶漆应用（2）

3.其他墙饰与室内软装饰

其实，在室内装饰设计中，很多材料都能够作为软装饰元素应用到墙面的设计中，如薄木饰面板、木质装饰人造板、塑料装饰板、金属装饰板、天然大理石饰面板、天然花岗石饰面板、人造大理石饰面板、青瓦，等等（图2-3-44 ～图2-3-47）。

图2-3-44　装饰性的木条提升空间高度

图2-3-45　不锈钢装饰营造出后现代的韵味

图2-3-46　瓦片肌理的运用

图2-3-47　石棉瓦的设计与运用

三、织物与室内软装饰

室内织物亦可统称为“布艺”。其在成功的室内环境设计中起着至关重要的作用。布艺是软装饰中用的最多的一种元素。织物在家居风格中具有很强的表现力，室内经过硬装修后常看上去显得比较生硬而冰冷，织物却可以用它柔软、温暖的质感有效的柔化空间，给环境注入柔软、温馨的韵味，使室内空间有机地成为一个整体。另一方面室内织物中不同原料的纺织品具有不同的质感和肌理，或粗糙或细腻，或柔软或轻盈，带给人们视觉的享受，同时，还给人以不同程度的触觉感受（图2-3-48、图2-3-49）。

图2-3-48　纺织品的颜色和谐搭配

图2-3-49　柔软布艺的大面积运用

织物又具有易清洗、易更换等优点，主人可根据季节、流行、家居风格等需要的变化而更换。

1.室内织物的类型

装饰织物是室内生活环境中不可缺少的重要组成部分，它具有广泛的实用功能和良好的装饰效果。它既给人们提供了舒适实用的生活环境，又给人们精神生活带来美的享受。可以说在现代室内环境中，运用装饰织物面积的多少，已成为衡量室内装饰格调高低的标准。应用在室内的装饰织物种类很多，根据用途可分为3大类。

（1）家具(家电)类织物

如床上用品、沙发面料、靠垫、坐垫、台布，以及家电罩、套等（图2-3-50、图2-3-51）。

图2-3-50　床上织物用品

图2-3-51　窗帘挂饰

（2）地面用的各类地毯

地面用的地毯根据不同的用途、功能，运用不同质地的棉、麻、丝、毛、化纤等材料，采用不同的工艺手段，形成各种不同质地、纹理、光泽、厚薄、粗细、软硬等特点，为人们创造舒适、实用、美观的居住环境，提供丰富多样的装饰材料。如果说室内家具陈设等给人以使用的价值，而织物则提供给人使用时的舒适与美感（图2-3-52、图2-3-53）。

图2-3-52　现代感强的地毯

图2-3-53　厚绒的装饰地毯

（3）垂挂装饰类织物

室内垂挂装饰类织物主要有窗帘、帷幔、门帘门遮、靠垫、台布桌布以及墙上的装饰壁挂等。它们除了实用功能外，在室内还能起到一定的装饰作用（图2-3-54、图2-3-55）。

图2-3-54　垂挂窗帘织物

图2-3-55　用垂挂织物来装饰天棚

2.织物的搭配形式

室内织物因各自的功能特点、使用位置、占用空间面积大小等因素，在客观上存在着主次的关系。通常在室内占主导地位的是窗帘、床罩、沙发布，第二层次是地毯、墙布，第三层次是桌布、靠垫、壁挂等。第一层次的纺织品类是最重要的，它们决定了室内纺织品配套总的装饰格调；第二和第三层次的纺织品从属于第一层次，在室内环境中起呼应、点缀和衬托的作用。正确处理好它们之间的关系，是使室内软装饰主次分明、宾主呼应的重要手段（图2-3-56、图2-3-57）。

图2-3-56　窗帘、床罩占有了室内的主导地位

图2-3-57　地毯和窗帘协调

3.织物色彩的运用

俗话说："远看色，近看花"。从人们视觉的角度来看，室内织物色彩是最先闯入我们视

野的。织物与环境构成的不同色调给人不同的心理感受。赏心悦目的色调，给人轻快的美感，能激起人们快乐、开朗、积极向上的情怀；灰暗的色调，给人以忧郁、烦闷的消极心理。红色给人温暖感，在寒冷的冬季或难见阳光的室内空间，宜选用暖色调的织物组合，可以营造温暖的气氛。蓝色系使人觉得寒冷，在炎热的夏季或日照充分的室内空间，可以选用冷色调的织品配套，能起到降温的作用。当然，在选择室内织物的主色调时，还应从几个方面来考虑。

（1）织物色彩与使用功能的关系。

如在娱乐场所宜采用活泼华丽的主色调，以激起人们欢快的情感（图2-3-58）；在美容院宜以粉色调为主，不宜选用艳丽的色彩，以保证相对稳定，营造一个素雅、平和的环境（图2-3-59）。

图2-3-58　KTV包房的织物色彩

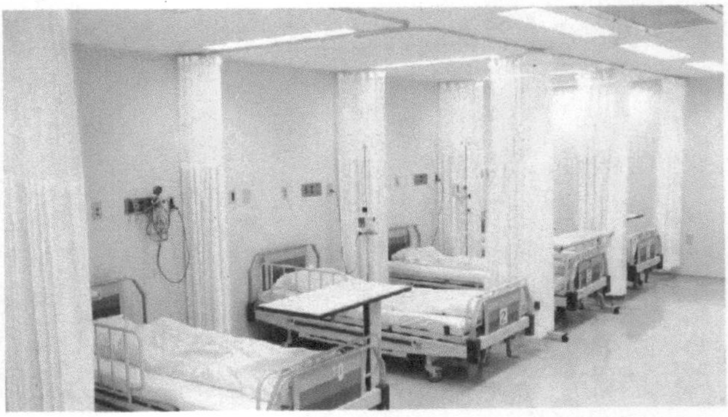

图2-3-59　美容院的织物色彩

（2）织物色彩与地域差别的关系

色彩的选用还要特别注意地域的差别。不同民族、不同文化背景及不同国家的人对色彩都有偏爱和禁忌。如红色在东方民族象征着喜庆、幸福和吉祥而深受喜爱（图2-3-60）。黄色是最明亮、最光辉的色彩，象征着光明和高贵，而在基督教国家却被认为是叛徒犹大衣服的颜色，是卑劣和可耻的象征。绿色在伊斯兰教国家是最受欢迎的颜色，而在有些西方国家里却含有嫉妒之意（图2-3-61）。

（3）织物色彩与室内整体风格的关系

选择室内织物的色彩时，不能孤立地单看织物自身的色彩好不好看，而应该把这些织物的色彩与整个室内的主色调环境与整体风格的需要联系起来。它们在室内布置的位置，面积大小以及与室内其他物品的色彩关系和装饰效果联系起来考虑。就室内面积较大的织物而言，例如床单、被面、窗帘等，一般应采用同类色或邻近色为好，容易使室内形成一个整体风格的色调（图2-3-62）。面积较小的织物，如壁挂、靠垫等，色彩鲜艳一些，纹样适当活泼一些，可增加室内活跃气氛。

另外，也可以通过色彩的色相、明度、纯度变化来取得韵律感（图2-3-63）。所以说，色彩运用得好坏，是室内织物配套设计成功与否的关键。

4.织物的图案和材质设计

不同的织物图案肌理产生不同的格调与感受：以线形为主的织物图案简洁直率；几何形的织物图案具有现代感；卷叶花的织物图案具有欧式的古典风格；而卡通的织物图案更适合儿童，织物中的图案明显会给人活泼的感觉，图案浅淡则会给人含蓄的意味。而织物面料的平皱

图2-3-60　红色的织物软装饰体现出东方特色

图2-3-61　绿色调的织物软装饰春意盎然

图2-3-62　同类色相的织物软装饰对比协调

图2-3-63　色彩纯度的变化营造室内环境的韵律感

厚薄都会造成不同的感受。织物的图案、材质肌理同样不能从简单孤立的角度去选择，以免与环境的整个风格不协调，在视觉和人的心理感受上形成花乱的感觉，甚至破坏室内空间设计的整体性，而是应该在选择织物时，尽量想到和室内的整体环境的保持一致。

织物的竖条图案可使房间增高，在层高不够的情况下，最简单的方法就是选择强烈的竖条图案的窗帘，能够减少压抑感，使显得简单明快。浅色具有光泽的面料可让房间变亮，房间安装窗帘时，要以浅色为主，图案应是小巧型的，采用具有光泽的反光材料的织物来装饰墙壁，比如，棉加丝面料的窗帘，还可以使用纱帘等薄质织物。对于过窄过长的房间，可以选择横向直线的图案的窗帘，让房间增宽（图2-3-64、图2-3-65）。

另外，各个民族有其自身的装饰图案。例如，作为龙凤后代的汉民族，由于代代相承的传统和习俗，大量装饰纹样中都有龙凤题材，龙凤寓意“吉祥”（图2-3-66、图2-3-67）；彝族将葫芦作为他们的图腾崇拜而陈列于居室的神台上（图2-3-68）等。了解装饰图案自身的规律和图案纹样所承载的文化涵义，对提升室内织物的审美价值大有裨益。

图2-3-64　薄质纱帘织物轻飘透气

图2-3-65　竖条的浪纹图案轻柔流动

图2-3-66　龙凤图案的沙发垫

图2-3-67　吉祥喜庆的龙凤双人枕头

图2-3-68　彝族图腾的装饰茶具

四、陈设与室内软装饰

室内环境设计中的陈设是指在建筑室内空间环境中，除固定于墙面、地面、顶面及建筑物件、设备以外的一些具有实用性与欣赏性价值的陈设物品。

室内陈设是室内环境设计中十分重要的构成要素，可增强内涵、烘托气氛，体现室内环境的个性风格，对室内空间环境状况进行柔化与调节，陶冶人们的品性与情操。它们通过特有的色彩、材质、造型、工艺给人们带来丰富的视野享受。它是室内空间鲜活的因子，它的存在使室内空间变得充实和美观，渗透出浓厚的室内文化氛围，使我们生活的环境更富有人性的魅力，生活更加丰富多彩（图2-3-69、图2-3-70）。

1.陈设品的类型

室内的陈设品分为实用工艺品和欣赏工艺品两类，搪瓷制品、塑料品、竹编、陶瓷壶等属于实用工艺品（图2-3-71）；挂毯、挂盘、各种工艺装饰品、牙雕、木雕、布挂、蜡染、唐三彩、石雕等属于装饰工艺品（图2-3-72、图2-3-73）。而餐具、茶具、酒具、花瓶、咖啡具等可以是实用、装饰两者兼而有之。

2.陈设布置的原则

陈设工艺品的布置应从室内设计的实际状况出发，灵活配置，适当美化点缀，既合理地摆设一些必要的生活设施，又要与整个室内的空间环境、设计风格相适宜，使居室布置实用美

图2-3-69　室内陈设丰富而充满趣味

图2-3-70　书架上的摆件、书籍也富有装饰性

图2-3-71　兼有实用和欣赏价值的陈设品

图2-3-72　有欣赏价值的陈设工艺品（1）

图2-3-73　有欣赏价值的陈设工艺品（2）

观、完整统一。为此，应注意以下几点原则。

（1）满足功能要求，协调完整统一

室内陈设布置的根本目的，是为了满足人们的物质生活及精神需求的功能上。这种生活需求体现在居住和工作、学习和休息、办公、读书写字、会客交往、用餐以及娱乐诸多方面。

围绕这一原则，而对陈设工艺品类型的色彩、材质、造型、工艺手法等就必须作出合理性的选择。尽量使陈设工艺品布置时与室内环境中的基调协调一致、完整统一，才能创造出一个实用、舒适的室内环境（图2-3-74、图2-3-75）。

图2-3-74　博古架和书桌上的陈设品满足了书房的功能需求

图2-3-75　花瓶使空间现代清新淡雅

（2）陈设疏密有致，装饰效果适当

在布置陈设工艺品时，一定要注意构图章法，要考虑陈设工艺品与家具的关系，以及它与室内空间宽窄、大小的比例关系。室内陈设工艺品要在平面布局上格局均衡、疏密相间，在立面布置上要有高低错落对比（图2-3-76），有照应，切忌堆积一起，不分空间层次。装饰是为了满足人们的精神享受和审美要求，如何布置，都要细心推敲。如某一部分色彩平淡，可以放一个色彩鲜艳的装饰品，这一部分就可以丰富起来（图2-3-77）。现在，国外的家庭室内常以装饰性较强、很抽象的几何图形布置，甚至摆设也都是几何形体、简朴的工艺品，或者带有古朴味的古典刀、兽皮等，使室内具有简朴的风味。

图2-3-76　高低错落、疏密有致

图2-3-77　植物的装饰效果恰到好处

（3）色调协调统一，有对比变化

对室内陈设的一切器物的色彩搭配都要在协调统一的原则下进行选择。器物色彩应与室内装饰的整体色彩协调一致，色调的统一是主要的，对比变化是次要的。色彩美是在统一中求变化，又在变化中求统一的和谐。室内布置的总体效果与所陈设器物和布置手法密切相关，也与器物的造型、特点、尺寸和色彩有关。只有注意了陈设器物与室内整体色调的关系，才能增强艺术效果（图2-3-78 ～图2-3-81）。

图2-3-78　桌旗和装饰画的色彩与室内墙面色彩协调

图2-3-79　室内色彩既统一又形成局部对比

图2-3-80　红色的座垫和花与室内色调对比

图2-3-81　室内陈设物对比强烈

图2-3-82 花瓶和果盘的角度位置摆放恰到好处

（4）选择好角度，便于欣赏

在观赏陈设工艺品时，也要考虑其角度与欣赏位置。工艺品所放的位置，要尽可能使观赏者不用踮脚、哈腰或屈膝来观赏，而其摆放的角度和位置高低等都要适合于人的观赏。因此，在室内陈设一件装饰工艺品时，不能随意乱摆乱挂，既要选择工艺品自身的造型、色彩，又要考虑到它的形状大小、位置高低，与周围环境的角度照应以及摆放的疏密关系等（图2-3-82、图2-3-83）。

总之，室内陈设工艺品的布置要遵照少而精、宁缺毋滥、豪华适度的原则，不要把陈设工艺品放得太满，挂得太乱，这样会给人一种不舒适之感。

3.室内陈设的方法

室内陈设的方法同样要遵循艺术设计的规律，在进行陈设设计过程中，主要体现在创新创意、和谐对比、均衡对称、呼应有序、空间层次、节奏韵律等方面。

（1）创新创意

从室内整体设计效果出发，突破一般规律，提倡创新创意理念，有突破性，有个性，通过创新反映独特的创意效果（图2-3-84、图2-3-85）。

（2）和谐与对比

和谐含有协调之意，陈设的选择在满足功能的前提下要和室内环境和多个物体相协调，形成一个整体。和谐涉及陈设品种、造型、规格、材质、色调的选择。和谐的陈设会给人们心理和生理上带来宁静、平和、温情等感受。而对比就是通过材质粗细、大小、繁简、曲直、深浅、古今、中外突出陈设的个性，将不同的物体的经过选择，使其既对立又协调，既矛盾又统一，使其在强烈的反差中获得鲜明形象中的互补来满足效果。对比有明快、鲜明、活泼等特性，与和谐配合使用产生理想的装饰效果（图2-3-86、图2-3-87）。

图2-3-83 书摆放的角度和高低适合人的观赏

图2-3-84 创新的书架

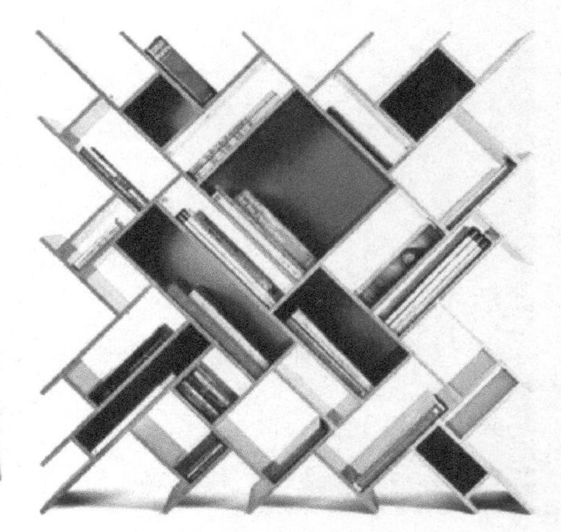

图2-3-85 具有创意的书架

图2-3-86　书桌上的文房四宝与环境十分和谐

图2-3-87　清新明快的对比协调

（3）均衡对称

均衡、对称是生活中从力的均衡上给人以稳定的视觉艺术，使人们获得视觉均衡的心理感受。在室内陈设选择中均衡是指在室内空间布局上，各种陈设的形、色、光、质保持等同或近似的量与数，使这种感觉保持一种安定状态时就会产生均衡的效果。

对称分为上下左右以及同形、同色、同质的绝对对称，以及同形不同质、同质不同色等的相对对称。对称不同于均衡的是，它能产生一定的形式美。在室内陈设选择中经常采用对称，如家具的排列、墙面艺术品、灯饰等都常采用对称的排列形式，使人们感受到有序、庄重、整齐、和谐之美（图2-3-88、图2-3-89）。

图2-3-88　地面和天棚上的灯饰对应

图2-3-89　对称布置的陈设壁挂

（4）呼应有序

有序是一切美感的根本，是反复、韵律、渐次和谐的基础，也是比例、平衡对比的根源，组织有规律的陈设品能产生井然有序的美感。呼应属于均衡的一种形式表现，它包括形与形之间的呼应，色与色之间的呼应等。在陈设的布局中，陈设品之间和陈设品与天花、墙、地以及家具之间等相呼应，同样能达到一定的变化和统一的艺术效果（图2-3-90、图2-3-91）。

图2-3-90　陈设物有序的排列形成美感

图2-3-91　墙上画无论从形和色上都与环境形成了呼应

（5）空间层次

陈设设计要追求空间的层次感，如陈设品的色彩从冷到暖，明度从暗到亮，造型从小到大、从方到圆，质地从粗到细，种类从单一到多样，形式从虚到实等都可以形成富有层次与空间的变化，通过层次变化，丰富陈设效果（图2-3-92、图2-3-93）。

图2-3-92　暖色家具前后的摆放丰富了空间层次

图2-3-93　陈设品具有明暗变化

（6）节奏韵律

节奏就是有条理性的重复，它具有情感需求的表现。在同一个单纯造型的陈设品进行连续排列布置时，所产生的效果往往形成一般化，但是加以适当的长短、粗细、直斜、色彩等方面的变化，就会产生节奏感，而多个节奏变化组合就会形成韵律。陈设布置利用这一规律会极大地丰富其艺术效果（图2-3-94、图2-3-95）。

五、书画艺术品与室内软装饰

书画艺术品是中国书法和绘画的统称，它是主人思维深处的精灵，是跳动的音符，也是体现其主人性情和文化修养的一个重要方面。室内悬挂书画艺术品，由来已久，西方国家在客厅、卧室挂画已成为一种普遍的风尚。而我国自古就有“坐卧高堂，究尽泉壑”之说，在室内悬挂字画艺术作品也由来已久。现代人对居住环境要求愈来愈高，室内悬挂字画艺术品不仅可

图2-3-94　圆形的大小和色彩变化形成了节奏

图2-3-95　形的变化重复有了节奏

以成为视觉的焦点，起到画龙点睛之作用，还可以渲染室内艺术气氛，开拓视野，愉悦身心，增添美感，使生冷的墙面门窗之间营造温暖的气息。如气势磅礴的山水画、富贵吉祥的牡丹画都会形成家居独有的氛围，每个观画的人都被感染（图2-3-96、图2-3-97）。

图2-3-96　富贵吉祥的牡丹画使室内气氛充满温馨

图2-3-97　现代风情的绘画作品

1.室内书画的类型

书画主要是指书法和中国画、油画、版画、水彩画及装饰画几个绘画类型。

其中书法有篆书、隶书、魏书、草书、行书、楷书。

绘画根据不同的划分方法有不同的种类。

根据工具材料和技法以及文化背景的不同，分为中国画、油画、版画、水彩画、水粉画、线描等主要画种。

根据描绘对象的不同，分为人物画、风景画、静物画等。

根据表现手法不同分为古典主义、装饰主义、抽象主义、表现主义、意象主义、构成主义等。

2.室内书画的艺术表现

（1）艺术性

挂画旨在取其艺术性之潜移默化的作用，以对人们产生性情、美感等的陶冶，而绝非只是“补墙”之用。在室内提供一个单纯独立的空间挂画，并兼顾画作与实际生活的契合，让艺术生活化（图2-3-98 ～图2-3-101）。

图2-3-98　天棚上的绘画大气磅礴

图2-3-99　古典油画强化了室内气氛

图2-3-100　画使墙面丰富

图2-3-101　画使环境显得集中精致

（2）视觉性

挂画高度对观赏效果有很大影响。人以正常水平视之，其视线范围是在上下约60°的圆锥体之内。所以，最适合挂画的高度是画中心离地1.5 ～ 2米的墙面为宜。墙上的画面应该向地面微倾。放置于柜橱上低于人眼的画面，则应以仰倾向天花板的角度摆置，方便观赏到最完整的画面。

画幅的大小和房间面积的比例关系，决定了字画在视觉上的舒服与否。一般情况下20 ～ 40平方米的房间，单幅画的尺寸连框以60厘米 ×80厘米左右为宜，走廊和过道选挂的画单幅连框以50厘米 ×60厘米左右为好（图2-3-102 ～图2-3-104）。

图2-3-102　走廊和过道画的视觉高度

图2-3-103　室内墙面画的高度

图2-3-104　餐厅画的大小和高度

（3）空间性

挂画牵涉到居住者的美学涵养。小小的一幅画，却与家具、饰品、气氛营造、空间等有着互为影响的关系。挂画时应适当地保留墙面空白，切忌填鸭式地挂了满墙面。挂画时，应注意画的意境在空间中的延伸、呼应与互补，以创造独特的空间感（图2-3-105、图2-3-106）。

图2-3-105　整个墙面描绘的中国山水画拓深了室内空间

图2-3-106　走道墙面简单的挂画放松了空间

3.室内书画与环境搭配

（1）根据家庭装饰风格确定画的种类

根据装饰风格选择不同形式的书画艺术来营造不同的室内艺术效果。如低矮的居室可以选择条幅的书画作品增加居室的高度感，同样过高的居室可选择横幅作品增强居室的延伸感。选择什么样的书画类型和风格应协调并服从于整体室内风格。

抽象派和现代派的绘画较适宜于宽敞明亮的新派装饰风格，在室内具有极强的装饰性；而写实、古典的油画适应于豪华、古典的欧式装饰风格；印象派画风因其色彩斑斓而具有光色效果好的特色；而中国画和书法作品更适合中式的室内装饰风格（图2-3-107 ～图2-3-110）。

图2-3-107 古典的油画更适于欧式装饰风格

图2-3-108 中国画和书法强化了室内中式装饰风格

图2-3-109 现代派的绘画较适宜新派装饰风格

图2-3-110 日本浮世绘绘画作品使日式风格更浓

（2）根据室内不同区域选不同的书画题材

① 客厅。客厅是家居主要活动场所，客厅配画要求稳重、大气。古典装修的以风景、人物、花卉为主。现代简约装修还可选择抽象画，也可依主人的特殊爱好，选择一些特殊题材的画，以体现主人的文化要求及个人独特的审美情趣，使“虽是陋室，唯吾德馨”的家更洋溢出一种浓厚的人文色彩（图2-3-111、图2-3-112）。

② 餐厅。餐厅是进餐的场所，在挂画的色彩与形象方面应清爽、柔和、恬静、新鲜，能勾人食欲。可配一些花卉，果蔬，插花，静物等题材的挂画，以求安静、舒适、怡人的餐饮环境（图2-3-113、图2-3-114）。

③ 卧室。卧室是美妙梦境的温床，是嫁接现实人生与臆想幻觉的催化剂。作为卧室里的装饰画当然需要体现“卧”的情绪与美感的统一。通过装饰画的色彩、造型、形象以及艺术处理等，可为卧室营造出温馨、浪漫的氛围。当然，人物、人体、花卉都是不错的题材，也可以摆放自己的肖像、结婚照，让人感到温馨或高贵，令人随时有美梦成真的感觉（图2-3-115、图2-3-116）。

图2-3-111　客厅大气的中国画

图2-3-112　群合的绘画带来环境的典雅

图2-3-113　餐厅静物画

图2-3-114　餐厅水果装饰画

图2-3-115　情调高雅的绘画

图2-3-116　用结婚照来装饰卧室

④ 书房。书房是主人个性的直接展现，是完成个人生存目标缺一不可的“软空间”。书房内的装饰画要力图营造一种愉快的阅读氛围。除了用书来装饰书房外，再挂上相宜的书画或照片，则永远都不会有画蛇添足之感（图2-3-117、图2-3-118）。

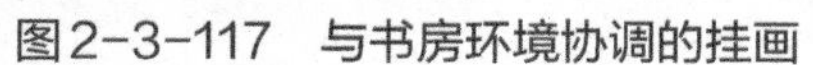

图2-3-117 与书房环境协调的挂画

图2-3-118 山水画和古朴的书架搭配营造了书房气氛

⑤ 玄关、走廊。这些地方虽然不大，但往往也是客人进屋第一眼所见之地，可谓“人的脸面”，应选择格调高雅的抽象或插花等题材的装饰画，来展现主人优雅高贵的气质。

走廊很容易布置成艺术走廊，可以同时挂几幅作品。等距平行悬挂，形成连贯的整体，既美观又利于欣赏。画框的款式和规格应该尽量一致，单幅控制在40～60厘米（边长）左右。每幅画上方有射灯照明效果会更好（图2-3-119、图2-3-120）。

图2-3-119 玄关的挂画

图2-3-120 美观又利于欣赏的走廊挂画

⑥ 儿童房。儿童房配画可以选择卡通题材或轻松明快的题材。让孩子自选几幅可爱的小图像，随意地摆挂，比井井有条更来得过瘾、有趣（图2-3-121、图2-3-122）！

图2-3-121　儿童手法表现的墙画

图2-3-122　童趣十足的画

图2-3-123　洗漱间里面诙谐幽默的题材画

图2-3-124　妙趣的洗漱间挂画

⑦ 洗漱间。诙谐幽默的题材或人体题材的挂画，使房屋主人在洗漱时能得到完全地放松，这也是一种特殊的享受（图2-3-123、图2-3-124）。

（3）根据房间的主色调和墙壁的颜色确定画的主色彩

一般画的主色彩应与房间装饰的主色调一致，忌色彩对比过于强烈的冷色调和暖色调搭配。以白色为主色调的房间装饰，可搭配鲜亮活泼的暖色调的装饰画(如红色、黄色、橙色)；以灰色为主色调的房间装饰，可搭配中性或沉稳宁静的黑白或冷色调的装饰画（如蓝色、青色）；如果室内装修色很稳重，比如胡桃木色，就可以选择高级灰、偏艺术感的装饰画；如果房间光线较强，挂画颜色可偏重，反之，光线较暗的房间可挂色彩清新的画（图2-3-125、图2-3-126）。

图2-3-125　画内的色彩画与墙面和谐

图2-3-126　画与墙面有对比又与靠垫色彩呼应

六、花艺绿植与室内软装饰

在日益喧嚣的都市，现代人越来越崇尚绿色植物、水、鲜花、自然光等自然元素的应用。将自然元素移植到室内，不仅可以净化室内空气，还使室内环境变得生机勃勃、趣味盎然。随着生活水平的日渐提高，“回归自然”已经成为现代人们追求生活质量的新表现。植物以它丰富的色彩、优美的形态，给室内注入大自然的生命力，不仅能使人赏心悦目，愉悦情感还能陶冶情操，置身其中容易使人保持愉快平和的心境（图2-3-127、图2-3-128）。

图2-3-127　植物特有的颜色与玻璃杯呈现出自然又精致的搭配

图2-3-128　室内的绿色植物点缀了整个空间

室内植物的选择一般是双向的，一是选择室内的温度和湿度适合什么样的植物生长：二是室内空间对绿色植物的制约，选择不同的植物，在某种意义上，是寄托一种情思、一种期望，通过人与自然的对话，达到情境交融的意境。

1. 室内植物的选配原则

（1）美学原则

室内绿化装饰的重要原则就是要美，如果没有美感就根本谈不上装饰。因此，必须依照美学的原理，通过合理布局，协调形状和色彩，分清层次等关系，才能达到清新明朗的艺术效果，使绿化布置很自然地与装饰艺术联系在一起，体现室内绿化装饰的艺术美。

① 构图合理。构图是将不同形状、色泽的绿植按照美学形式组成一个和谐的景观。绿化装饰要求构图合理（即构图美）。在绿植装饰布置时必须注意两个方面，一是布置均衡，以保持绿植的稳定感和安定感；二是比例合度，体现真实感和舒适感的自然式构图。

布置均衡包括对称和不对称两种形成。人们在居室绿化装饰时习惯于对称的构图，如在走道两边、会场两侧等摆上同样品种和同一规格的花卉，显得规则整齐、庄重严肃（图2-3-129）。与对称相反的是指室内绿化自然式装饰的不对称构图。如在客厅沙发的一侧摆上一盆较大的植物，另一侧摆上一盆较矮的植物，同时在其近邻花架上摆上一悬垂花卉。这种布置虽然不对称，但却给人以协调感，视觉上认为二者重量相当。这种绿化布置得轻松活泼，富于雅趣（图2-3-130）。

图2-3-129　对称式构图的室内绿化布置

图2-3-130　自然式构图的室内绿化布置

比例合度，是指植物的形态、规格等要与所摆设的场所大小、位置相配套。比如，空间大的位置可选用大型植株及大叶品种，以利于植物与空间的协调；小型居室或茶几案头只能摆设矮小植株或小盆花木，这样会显得优雅得体，使室内观叶植物虽在斗室之中，却能“隐现无穷之态，招摇不尽之春”（图2-3-131、图2-3-132）。

② 色彩协调。室内植物的色彩要根据室内的色彩状况而定。如以叶色深沉的室内观叶植物或颜色艳丽的花卉作布置时，背景底色宜用淡色调或亮色调，以突出布置的立体感；居室光线不足、底色较深时，宜选用色彩鲜艳或淡绿色、黄白色的浅色花卉，以便取得理想的衬托效果。陈设的花卉也应与家具色彩相互衬托。如清新淡雅的花卉摆在底色较深的柜台、案头上可以提高花卉色彩的明亮度，使人精神振奋（图2-3-133、图2-3-134）。此外，室内绿化装饰植物色彩的选配还要随季节变化以及布置用途不同而作必要的调整。

图2-3-131　大空间适合较大的植物

图2-3-132　小空间植物布置

图2-3-133　鲜亮的黄花带给环境清新的感觉

图2-3-134　窗台上造型有趣的小盆植物

③ 形式和谐。植物的姿色形态是室内绿化装饰的另一特性，它将给人以深刻的印象。在进行室内绿化装饰时，要依据各种植物的各自姿色形态，选择合适的摆设形式和位置，同时注意要与其配套的花盆、器具和饰物间搭配得当，力求做到和谐相宜。如悬垂花卉宜置于高台花架、柜橱或吊挂高处，让其自然悬垂；色彩斑斓的植物宜置于低矮的台架上，以便于欣赏其艳丽的色彩；直立、规则植物宜摆在视线集中的位置；空间较大的中心位置可以摆设丰满、匀称的植物，必要时还可采用群体布置，将高大植物与其他矮生品种摆设在一起，以突出布置效果等（图2-3-135～图2-3-138）。

（2）实用原则

室内绿化装饰必须符合功能的要求，要实用，这是室内绿化装饰的另一重要原则。所以要根据绿化布置场所的性质和功能要求，从实际出发，才能做到绿化装饰美学效果与实用效果的高度统一。如书房，是读书和写作的场所，应以摆设清秀典雅的绿色植物为主，从而创造一个安宁、优雅、静穆的环境，使人在学习、工作之余，让绿色调节视力，缓和疲劳，达到镇静悦目的功效，而不宜摆设色彩鲜艳的花卉（图2-3-139、图2-3-140）。

图2-3-135　悬垂花卉可吊挂高处

图2-3-136　别样的花盆器具与环境搭配协调

图2-3-137　直立植物宜摆设在视线集中的位置

图2-3-138　开放鲜艳的花束富于变化

图2-3-139　青绿的小竹起到了隔断的实用作用

图2-3-140　清秀典雅的书房绿色植物

（3）经济原则

室内绿化装饰除要注意美学原则和实用原则外，还要求绿化装饰经济可行，而且能保持长久。设计布置时要根据室内结构、建筑装修和室内配套器物的水平，选配合乎经济水平的档次和格调，使室内"软装饰"与"硬装饰"相协调。同时，要根据室内环境特点及用途选择相应的室内观叶植物及装饰器物，使装饰效果能保持较长时间（图2-3-141、图2-3-142）。

图2-3-141　办公区域的小盆植物经济适用

图2-3-142　此盆景观叶植物能保持较长时间，经济可行

2. 室内植物的主要布置形式

室内绿化布置形式除要考虑植物材料的形态、大小、色彩及生态习性外，还要依据室内空间的大小、光线的强弱和季节变化，以及气氛而定。其布置方法和形式多样，主要有陈列式、攀附式、悬垂式、壁挂式、栽植式及迷你型观叶植物绿化布置形式等。

（1）陈列式

陈列式是室内绿化装饰最常用和最普通的布置方式，包括点式、线式和片式三种。其中以点式最为常见，即将盆栽植物置于桌面、茶几、柜角、窗台及墙角，或在室内高空悬挂，构成绿色视点。线式和片式是将一组盆栽植物摆放成一条线或组织成自由式、规则式的片状图形，起到组织室内空间，区分室内不同用途场所的作用。几盆或几十盆组成的片状摆放，可形成一个花坛，产生群体效应，同时可突出中心植物主题（图2-3-143 ～图2-3-145）。

图2-3-143　点式布置

图2-3-144　线式布置

图2-3-145　片式布置

（2）攀附式

大厅和餐厅等室内某些区域需要分割时，采用带攀附植物隔离，或带某种条形或图案花纹的栅栏再附以攀附植物来完成。但攀附植物要与攀附材料在形状、色彩等方面要协调，以使室内空间分割合理、协调，而且实用（图2-3-146、图2-3-147）。

图2-3-146　细条石与攀附植物

图2-3-147　用攀附植物限定空间

（3）悬垂式

在室内较大的空间内，可结合天花板、灯具，在窗前、墙角、家具旁吊放一定体量的阴生悬垂植物，可改善室内人工建筑的生硬线条造成的枯燥单调感，营造生动活泼的空间立体美感，且“占天不占地”，可充分利用空间。这种装饰一般要使用铁艺金属器具或塑料吊盆等，使之与所配植物有机结合，可取得意外的装饰效果（图2-3-148、图2-3-149）。

图2-3-148　墙角的铁花吊盆增添了室内的情调

图2-3-149　“占天不占地”的植物垂吊生动活泼

（4）壁挂式

壁挂式有挂壁悬垂法、挂壁摆设法、嵌壁法和开窗法。预先在墙体上设置局部凹凸不平的壁洞，供放置盆栽植物；或在靠墙的地面放置花盆，或砌种植槽，然后种上攀附植物，使其沿墙面生长，形成室内局部绿色的空间；或在墙壁上设立支架，在不占用地的情况下放置花盆，以丰富空间。采用这种装饰方法时，应主要考虑植物姿态和色彩。对植物类型的选择，以悬垂攀附植物材料最为常用（图2-3-150、图2-3-151）。

图2-3-150　壁挂悬垂植物

图2-3-151　在墙壁上设立支架

（5）栽植式

这种装饰方法多用于室内花园及室内大厅堂有充分空间的场所。栽植时，多采用自然式，即平面聚散相依、疏密有致，并使乔灌木及草本植物和地被植物组成层次，注重姿态、色彩的协调搭配，适当注意采用室内观叶植物的色彩来丰富景观画面；同时考虑与山石、水景组合成景，模拟大自然的景观，给人以回归大自然的美感（图2-3-152、图2-3-153）。

图2-3-152　植物有高低、色彩变化再与装饰壁和山石搭配

图2-3-153　用观叶植物来丰富景观画面

（6）迷你型

这种装饰方式在欧美、日本等地极为盛行。其基本形态源自插花手法，利用迷你型观叶植物配植在不同容器内，摆置或悬吊在室内适宜的场所，或作为礼品赠送他人。这种装饰法设计最主要的目的是要达到功能性的绿化与美化。也就是说，在布置时，要考虑室内观叶植物如何与生活空间内的环境、家具、日常用品等相搭配，使装饰植物材料与其环境、生态等因素高度统一。其应用方式主要有迷你吊钵、迷你花房、迷你庭园等。

① 迷你吊钵。将小型的蔓性或悬垂观叶植物作悬垂吊挂式装饰，这种应用方式观赏价值高，即使是在狭小空间或缺乏种植场所时仍可被有效利用（图2-3-154、图2-3-155）。

图2-3-154　吊钵式植物

图2-3-155　利用饮料瓶作垂吊挂式装饰

② 迷你花房。迷你花房是在透明有盖子或瓶口小的玻璃器皿内种植室内观叶植物。它所使用的玻璃容器造型繁多，如广口瓶、圆锥形瓶、鼓形瓶等。由于此类容器瓶口小或加盖，水分不易蒸发而散逸，在瓶内可被循环使用，所以应选用耐湿的室内观叶植物。迷你花房一般是多品种混种。在选配植物时应尽可能选择特性相似的配植一起，这样更能达到和谐的效果（图2-3-156、图2-3-157）。

图2-3-156　玻璃器皿内种植室内观叶植物（1）

图2-3-157　玻璃器皿内种植室内观叶植物（2）

③ 迷你庭园。迷你庭园是指将植物配植在平底水盘容器内的装饰方法。其所使用的容器包括陶制品、木制品或塑料制品等，但使用时应在底部先垫塑料布。这种装饰方式除了按照插花方

式选定高、中、低植株形态，并考虑根系具有相似性外，叶形、叶色的选择也很重要。同时，这种装饰最好有其他装饰物（如岩石、枯木、民俗品、陶制玩具或动物等）来衬托，以提高其艺术价值（图2-3-158、图2-3-159）。若为小孩房间，可添置小孩所喜欢的装饰物；年轻人的则选用新潮或有趣的物品装饰。总之，可依年龄的不同作不同的选择。

图2-3-158　平底水盘容器内的迷你庭园（1）

图2-3-159　平底水盘容器内的迷你庭园（2）

3.绿色植物主要应用场所

人们赖以生存的空间在很大程度上影响着生活与工作质量，所以居室的绿化装饰越来越引起人们的重视。由于室内环境的功能不同，绿化装饰时要选用的植物以及装饰方法和方式也不同。

（1）门厅

门厅是居室的入口处，包括走廊过道等，门厅的装饰会先入为主地给人留下关于居室的第一印象，或豪华浪漫，或规整庄重，或高雅简洁。居室的门厅空间往往较窄，有的只是一条走廊过道。它是通到客厅的必经通道，且大多光线较暗淡。此处的绿化装饰大多选择体态规整或点缀为主的植物，还可采用吊挂的形式，这样既可节省空间，又能活泼空间气氛。总之，该处绿化装饰选配的植物以叶形纤细、枝茎柔软为宜，以缓和空间视线（图2-3-160、图2-3-161）。

（2）客厅

客厅是日常起居的主要场所，是家庭活动的中心，也是接待宾客的主要场所。所以，它具有多种功能，是整个居室绿化装饰的重点。客厅绿化装饰要体现盛情好客和美满欢快的气氛。植物配置要突出重点，切忌杂乱，应力求美观、大方、庄重，同时注意和家具的风格及墙壁的色彩相协调。

客厅风格要求气派豪华的，可选用叶片较大、株形较高大的马拉巴粟、巴西铁、绿巨人等为主的植物或散尾葵、垂枝榕、黄金葛、绿宝石等为主的藤本植物；要求典雅古朴的，可选择树桩盆景为主景。但无论以何种植物为主景，都需在茶几、花架、临近沙发的窗框几案等处配上一小盆色彩艳丽、小巧玲珑的观叶植物，如观赏凤梨、孔雀竹芋、观音莲等。必要时还可在几案上配上鲜花或应时花卉。这样组合既突出客厅布局主题，又可使室内四季常青，充满生机（图2-3-162、图2-3-163）。

图2-3-160　叶形纤细的植物使室内环境显得精致

图2-3-161　植物点缀门厅

图2-3-162　植物与墙面图案相得益彰

图2-3-163　几案上配上应时花卉

（3）书房

书房是读书、写作，有时兼作接待客人的地方。书房绿化装饰宜明净、清新、雅致，从而创造一个静穆、安宁、优雅的环境，使人入室后就感到宁静、安谧，从而专心致志。所以书房的植物布置不宜过于醒目，而要选择色彩不耀眼、体态较一般的植物，体现含而不露的风格。书房绿化一般可在写字台上摆设一盆轻盈秀雅的文竹或网纹草、合果芋等绿色植物，以调节视力，缓和疲劳；可选择株形披纷下垂的悬垂植物，如黄金葛、心叶喜林芋、常春藤、吊竹梅等，挂于墙角，或自书柜顶端飘然而下；也可选择一适宜位置摆上一盆攀附型植物，如琴叶喜林芋、黄金葛、杏叶喜林芋等，犹如盘龙腾空，给人以积极向上、振作奋斗之激情（图2-3-164、图2-3-165）。

图2-3-164　含而不露的书房绿化

图2-3-165　步步高的室内植物

（4）卧室

卧室的主要功能是睡眠休息。人的一生大约有1/3的时间是在睡眠中度过的，所以卧室的绿化布置装饰也显得十分重要。卧室的植物布置应围绕休息这一功能进行，通过植物装饰营造一个能够舒缓神经，解除疲劳，使人松弛的气氛。同时，由于卧室家具较多，空间显得拥挤，所以植物的选用以小型、淡绿色为佳。可在案头、几架上摆放文竹、龟背竹、蕨类等。如果空间许可，也可在地面摆上造型规整的植物，如心叶喜林芋、巴西铁、伞树等。此外，也可根据居住者的年龄、性格等选配植物（图2-3-166、图2-3-167）。

图2-3-166　窗顶上的垂吊植物增加了室内生气

图2-3-167　窗台上的植物使室内显得整洁

（5）餐厅

餐厅是家人或宾客用膳或聚会的场所，装饰时应以甜美、洁净为主题，可以适当摆放色彩明快的室内观叶植物。同时要充分考虑节约面积，以立体装饰为主，原则上是所选植物株型要小。如在多层的花架上陈列几个小巧玲珑、碧绿青翠的室内观叶植物（如观赏凤梨、豆瓣绿、龟背竹、百合草、孔雀竹芋、文竹、冷水花等均可），也可在墙角摆设一组体态清楚的室内观叶植物，或者在餐桌上放一瓶插花，窗台上放一盆绿景，这样，既可美化环境，又可使人精神振奋，增加食欲（图2-3-168、图2-3-169）。

图2-3-168　餐桌上的绿植花束与环境很协调

图2-3-169　绿植花束使室内有洁净感，增加了食欲

（6）阳台

阳台往往日光照射充足，适合用色彩鲜艳的花卉和常绿植物。在阳台上，还可以悬挂几盆吊兰，在栏杆处放些开花植物(如茶花、金橘等)，靠墙的地方放一些观叶盆栽，可互相衬托。在阳台的窗户上还可以摆上两盆花卉(如月季花、秋水仙等)，既增加了整体美观，又充满绿色气氛（图2-3-170、图2-3-171）。

图2-3-170　多种植物的装饰方式使阳台充满绿色气氛

图2-3-171　色彩鲜艳的花卉和常绿植物充满生气

七、灯饰照明与室内软装饰

灯饰是现代室内软装饰中最重要的设计元素之一。在科技发达的今天，灯饰有了双重作用，一是除了用于室内空间的基础照明外，还可用灯的造型和光影色彩来渲染室内环境、营造室内的空间艺术气氛，为室内空间增添玲珑之美。所以，灯饰的设计，不但侧重于艺术造型，而且还考虑到灯型、色、光与环境格调相互协调、相互衬托，达到灯与环境互相辉映的效果。

1.灯饰式样与照明方式

（1）常用的灯饰式样

① 吊灯。一般为悬挂在天花板上的灯具，是最常采用的一种照明灯具。吊灯有直接、间接、下向照射及均散光等多种灯型。吊灯一般离天花板500～1000毫米，光源中心距离开花板以750毫米为宜，也可根据具体需要或高或低地调整。选择吊灯的大小及灯头数的多少与房间的大小有关（图2-3-172、图2-3-173）。

图2-3-172　吊灯式样（1）

图2-3-173　吊灯式样（2）

② 吸顶灯。直接安装在天花板面上的灯型。包括有下向投射照明、散光照明及全面照明等几种灯型，由于现在一般住宅层高都比较低，所以被广泛采用。吸顶灯的造型、布局组合方式、结构形式和使用材料等，要根据使用要求、天棚构造和审美要求来考虑。灯具的尺度大小要与室内空间相适应，结构上一定要安全可靠（图2-3-174～图2-3-176）。

图2-3-174　欧式吸顶灯灯型

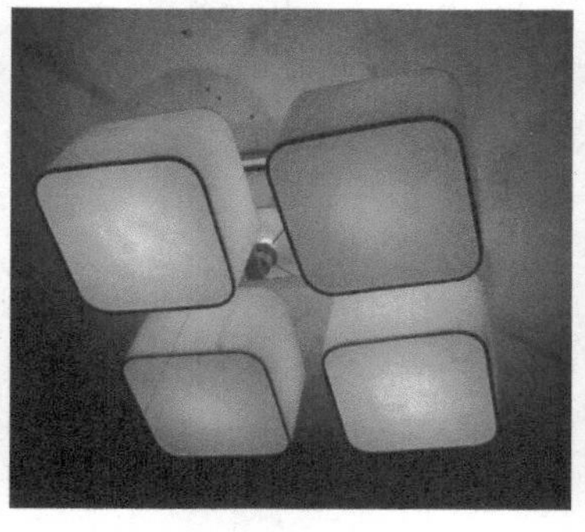

图2-3-175　现代吸顶灯灯型

图2-3-176　中式吸顶灯灯型

③ 嵌顶灯。泛指嵌装在天花板内部的隐式灯具，灯口与天花板衔接，通常属于向下直射的直接光灯型。这种灯型在一般居住空间中采用不多。在有空调和有吊顶的房间采用较多，常和其他灯具配合使用（图2-3-177、图2-3-178）。

图2-3-177　嵌顶灯（1）

图2-3-178　嵌顶灯（2）

④ 筒灯。筒灯一般是有一个螺口灯头，可以直接装上白炽灯或节能灯的灯具。筒灯是一种嵌入到天花板内光线向下直射式的照明灯具，一般装设在玄关、卧室、客厅、卫生间的周边天棚上，可增加空间的柔和气氛、减轻空间压迫感，营造出温馨的感觉（图2-3-179、图2-3-180）。

图2-3-179　直射式筒灯照明

图2-3-180　嵌入式筒灯照明

⑤ 壁灯。壁灯是安装在墙壁上的灯具，是一种补充型照明的灯具。由于距地面不高，一般都用低瓦数灯泡。壁灯设计的高度一般距地1800毫米左右，以避免炫光。壁灯常用在卫生间、卧室和走廊等地方（图2-3-181、图2-3-182）。

⑥ 活动灯具。指可以随需要自由放置的灯具。一般桌面上的台灯、地板上的落地灯都属于这种灯具，是一种最具有弹性的灯型。常用在客厅和书房等地（图2-3-183、图2-3-184）。

（2）常用的照明方式

目前室内常用的几种照明方式，根据灯具光通量的空间分布状况及灯具的安装方式，室内照明方式可分为五种。

① 直接照明。光线通过灯具射出，其中90%～100%的光通量到达假定的工作面上，这

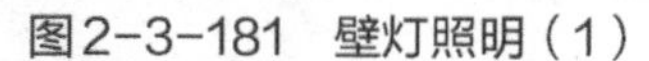

图2-3-181　壁灯照明（1）

图2-3-182　壁灯照明（2）

图2-3-183　台灯照明

图2-3-184　落地灯照明

种照明方式为直接照明。这种照明方式具有强烈的明暗对比，并能造成有趣生动的光影效果，可突出工作面在整个环境中的主导地位，但是由于亮度较高，应防止眩光的产生。如工厂、教室、开敞式办公室等（图2-3-185、图2-3-186）。

图2-3-185　开敞式办公室直接照明

图2-3-186　桌球台面直接照明

② 半直接照明。是半透明材料制成的灯罩罩住光源上部，60%～90%以上的光线使之集中射向工作面，10%～40%被罩光线又经半透明灯罩扩散而向上漫射，其光线比较柔和。这种灯具常用于较低的房间的一般照明。由于漫射光线能照亮平顶，使房间顶部高度增加，因而能产生较高的空间感（图2-3-187、图2-3-188）。

图2-3-187　餐区半直接照明

图2-3-188　卧室半直接照明

③ 间接照明。是将光源遮蔽而产生的间接光的照明方式，其中90% ~ 100%的光通量通过天棚或墙面反射作用于工作面，10%以下的光线则直接照射工作面。通常有两种处理方法，一是将不透明的灯罩装在灯泡的下部，光线射向平顶或其他物体上反射成间接光线；二是把灯泡设在灯槽内，光线从平顶反射到室内成间接光线。这种照明方式单独使用时，需注意不透明灯罩下部的浓重阴影。通常和其他照明方式配合使用，才能取得特殊的艺术效果。商场、服饰店、会议室等场所，一般作为环境照明使用或提高其亮度（图2-3-189、图2-3-190）。

图2-3-189　间接照明（1）

图2-3-190　间接照明（2）

④ 半间接照明。半间接照明方式恰和半直接照明相反，把半透明的灯罩装在光源下部，60%以上的光线射向平顶，形成间接光源，10% ~ 40%部分光线经灯罩向下扩散。这种方式能产生比较特殊的照明效果，使较低矮的房间有增高的感觉。也适用于住宅中的小空间部分，如门厅、过道、服饰店等，通常在学习的环境中采用这种照明方式，最为相宜

（图2-3-191、图2-3-192）。

⑤ 漫射照明方式。利用灯具的折射功能来控制眩光，将光线向四周扩散漫散。这种照明大体上有两种形式，一是光线从灯罩上口射出经平顶反射，两侧从半透明灯罩扩散，下部从格栅扩散；二是用半透明灯罩或实板条等把光线全部封闭而产生漫射，这类照明光线性能柔和，视觉舒适，适于卧室（图2-3-193、图2-3-194）。

图2-3-191　半间接照明使房间有增高的感觉

图2-3-192　室内照明集中而柔和

图2-3-193　壁灯漫射照明

图2-3-194　天棚漫射照明

2. 室内灯饰照明与空间形态

灯饰照明是室内环境设计的重要组成部分，室内照明设计的目的，是要有利于人的活动安全和舒适的生活。在功能上要满足人们多种活动的需要，在人们的生活中，光不仅仅是室内照明的条件，而且是表达空间形态、营造环境气氛的基本元素。冈那·伯凯利兹说："没有光就不存在空间。"设计合理的光照作用，对人的视觉功能和心理感受极为重要。

① 玄关入口。入口是给客人留下第一印象的空间。此外还希望家人一进门就能感受到温馨的氛围。入口通常用壁灯，安装在门的一侧或两侧壁面上，距地面1.8米左右。既美观又可以产生欢迎的效果，如果有绿色植物、绘画、壁龛等装饰物时，可采用重点照明，在鞋柜下装光源，可以将地面照得非常亮，创造一个生动活泼的空间。另外，在较低的入口空间也常用筒灯比较多（图2-3-195、图2-3-196）。

图2-3-195　入口两侧壁灯

图2-3-196　入口柜下装光源

② 客厅。客厅灯具的配置应温暖热烈，使客人有宾至如归的亲切感。客厅也是家庭的焦点部位，主要包括会客、聊天、听音乐、看电视与阅读等，为此，照明方式也应多种多样。一般采用顶部照明。在房间的中央装一盏单头或多头的吊灯作为主体灯。如沙发后墙上挂有横幅字画的，可在字画的上边装大小合适的射灯。沙发边可放置一盏易于调节高度和角度的落地灯或台灯。这样的灯具布置稳重大方，如果室内高度比较矮（2.6米左右），建议最好选用吸顶灯。如果客厅高大，最好选用吊灯；听音乐、看电视时，以柔和的效果为佳，建议在电视墙上设计灯光柔和的漫反射光线，以减轻视觉的明暗反差。在享受读书的乐趣时，能提供集中、柔和的光线是不错的选择；客厅中的各种挂画、盆景、雕塑以及收集的艺术品等用轨道灯或石英射灯集中照明，以强调细部和趣味点，突出品位与个性（图2-3-197、图2-3-198）。

③ 卧室。卧室是休息睡觉的房间，要求有较好的私密性。光线要求柔和，不应有刺眼光，以使人更容易进入睡眠状态。卧室照明的出发点是以总体照明的主要光源为主，再配以装饰性照明和重点照明来营造私密空间气氛。一般我们可用一盏吸顶灯作为主光源，设置壁灯、小型射灯或者发光灯槽、筒灯等作为装饰性或重点性照明，以降低室内光线的明暗反差，以满足不同时间和功能的需要。如果我们有在床上看书的习惯，建议在床头直接安放一个可调光型的台灯，美观又实用（图2-3-199）。

图2-3-197　客厅的灯饰应用（1）

图2-3-198　客厅的灯饰应用（2）

图2-3-199　卧室的灯具照明要根据不同时间的功能需求而设计

④ 厨房。厨房是用来烹调和洗涤餐具的地方，一般面积都较小，多数采用顶棚上的一般照明，容量在25 ～ 40瓦之间。现代的厨房多为整体橱柜，在灶台上方都装有排油烟机，一般都带有25 ～ 40瓦的照明灯，使得灶台上方的照度得到了很大的提高。现代的厨房在切菜、备餐灶台上方还设有很多柜子，可以在这些柜子下加装局部照明灯，以增加操作台的照度（图2-3-200、图2-3-201）。

⑤ 餐厅。餐厅是家人聚餐的场所，要求主照明具有高照度和倾向暖色光的特点。一般采用吸顶灯或餐吊灯。家庭餐厅灯光装饰的焦点当然是餐桌。餐桌要求水平照度，故宜选用强烈向下直接照射的灯具或下拉式灯具，使其拉下高度在桌上方600 ～ 700毫米的高度。为了达到效果，吊灯要有光的阴暗调节器与可升降功能，以便兼作其他工作用。中餐讲究色、香、味、形，往往需要明亮一些的暖色调，而享用西餐时，如果光线稍暗柔和一些，则可营造

浪漫情调（图2-3-202、图2-3-203）。

图2-3-200　厨房主要照明

图2-3-201　厨房的集中照明

图2-3-202　倾向暖色光的餐厅灯光装饰

图2-3-203　吸顶灯作餐厅灯光

⑥ 书房。书房是供家庭成员工作和学习的场所，要求照明度较高。一般工作和学习照明可采用局部照明的灯具，以功率较大的白炽灯为好。主体照明采用单叉吊灯和日光灯均可，位置不一定在中央，可根据室内的具体情况来决定。灯具的造型、格调也不宜过于华丽，典雅隽秀为好，创造出一个供人们阅读时所需要的安静、宁谧的舒适环境（图2-3-204、图2-3-205）。

⑦ 卫浴间。卫生间和浴室的环境照明要求是有一定特殊性的。在其场合中所要求的氛围性照明或艺术化照明，通常情况下，安装在房间顶上的防雾防湿吸顶灯可以满足沐浴、短时间阅读等环境照明的要求。镜子的上方或两侧可用防湿镜前灯，也有在镜子周围使用几盏低瓦数的防湿灯具。这样能使人的面部部分都能照亮，不仅适合化妆，还适合刮胡子。而对于那些配有大型按摩浴设施和康体健身区的豪华卫生间来说，则要进行特殊的照明设计（图2-3-206、图2-3-207）。

图2-3-204　书房台灯照明

图2-3-205　书房吊灯照明

图2-3-206　卫浴间常用的照明设计

图2-3-207　卫浴间特殊的照明设计

⑧ 走廊楼梯。走廊比较窄小，如用壁灯则要注意其大小程度。长走廊选择用筒灯和灯带的情况比较多，在墙面上产生有规则的光与影，引导效果会比较好。

由于楼梯有高度差，在下楼梯时，要求在照明上要有安全性。所以要使用不会产生眩光的灯具。灯具安装的位置不能造成踏面位于阴影的位置。以免发生踏空摔下去的事故。走廊与楼梯的照明要使用三路开关，并在两个位置可以控制（图2-3-208 ～图2-3-210）。

图2-3-208　走廊灯带具有引导作用

图2-3-209　楼梯壁灯照明

图2-3-210　安全和引导作用的梯步灯

⑨ 阳台与庭院。阳台和庭院照明要照亮的是阳台和庭院内树木、花坛、石头、水池等，要考虑到夜晚的景观效果，照明要尽量隐藏在树木等内部。因此，最好使用小型灯具（图2-3-211），较小的阳台和庭院可用1～2盏地灯。大的阳台和庭院包括入口处的照明，除使用大量的灯具照亮院内的重要景观要素外，还可以在黑暗的阳台和庭院中表现出戏剧性的景色：如将树叶的影子投射到墙壁上的投影照明；照亮连续树木产生引导的照明效果，还有使周围的景色映入水池等的水面照明等（图2-3-212）。

图2-3-211　常用的阳台与庭院照明设计

图2-3-212　庭院戏剧性的照明设计

八、旧物改造与室内软装饰

1.旧物改造的环保性

随着社会经济的飞跃发展，爆发在经济发展下的各种问题也日益突出和尖锐。其中，资源的过度开发和消耗，人口不断增长对环境的污染破坏，这些矛盾已发展成为世界难题。洗浴用品包装、饮料瓶子、购物袋……在日常生活里，会不断地产生一些废旧品，人们大多会将之丢弃，这样，不仅浪费了可再生的资源，也带来了生存环境的不断恶化。如何保护环境，提高资源的再利用率已是人类社会各方面所共同关注和奋斗的方向。其中，对旧物的改造和利用，就是“让旧物重生，让生活更环保”的具体体现（图2-3-213、图2-3-214）。

图2-3-213　利用旧的布料做成的沙发

图2-3-214　利用旧画报编成的纸篓

2. 旧物改造的实用性

物资生活的快速发展，已使人们在思考如何在改造和利用废旧物资时，不仅仅是一种形式上的改变，而是要充分想到改造后的物品是否具有实用价值，能为我们现在的生活所需要，只有这种功能性的改变才能带来真正的旧物改造的实用性（图2-3-215、图2-3-216）。

图2-3-215 废旧梯子改造成书架

图2-3-216 浴缸制成沙发

3. 旧物改造的艺术性

旧物改造的艺术性，主要体现在对生活中的旧物经过改造制作、设计出有观赏性并实用的新物品，使这些改造后的新物品被附于新的视觉美感，发挥出新的艺术价值。旧物改造产生的美学效果是对传统美学的另一种突破，是生活艺术中的另一个发光点，要做到这点，就必须走出传统的思维想法，创意和设计就成为必不可少。而完美的创意和设计都来自于生活，通过旧物改造，会养成我们观察生活细节的习惯，培养我们体会生活、感悟生活，提升个人的创意能力和审美价值观，并从生活中去发现和创造艺术美（图2-3-217、图2-3-218）。

图2-3-217 保龄球设计成的小景观

图2-3-218 雕塑海绵和铁丝制作的创意墙花

4.旧物改造的常用手法

（1）改变原有的色彩和形态

在旧物改造时可以从改变旧物原有的色彩和形态这一方面考虑，因为人们在生活中潜移默化地积累了许多“习惯性的经验”认可，比如看到圆形的物品就会想到球；说到箱子都会联想到箱子是矩形；看到红颜色就会想到火等等。这是因为自然界或者人们生产加工的生活用品中许多事物都以这些常见的形式存在，因此，我们在旧物改造过程中可以充分利用这个原理，通过改变事物原有的色彩和常见的形态，发挥创造生活中旧物另一面的美，给人产生强烈的对比，从而产生深刻的印象，使这些旧物以另一种新的独特的形式和视觉美感而呈现出来（图2-3-219、图2-3-220）。

图2-3-219　用陶瓷杯改造成既有创意又有品位的台灯

图2-3-220　将旧木凳刷成各种现代感很强的黑、黄、红白等颜色

（2）改变原有的功能

我们在旧物改造时也可以通过改变事物原有的功能，这是我们进行旧物改造中使用最广泛的一种方法。生活中的许多物品的功能都是比较单一的，而且是保持不变的，许多物品自始至终都只发挥一种功能，如电视只是用来观看节目，箱子用来存储物品等等，然而物品间是不需要明确的功能界线的，只要我们一旦跨出这一步，我们的旧物改造将有新的突破，形式都是追随功能的，而我们通过旧物先有的形式改变其原有的功能，往往会得到意想不到的效果。因此旧物改造时可以考虑改变物品的功能的形式来进行改造，是旧物具有另种或多种功能性（图2-3-221、图2-3-222）。

（3）重组改造

旧物改造就是要突破传统的思维模式，敢于创新，其中旧的物品重新组合改造方法在室内软装饰设计中也是常常可见，有效的利用几种旧物品或多个同种旧物品进行组合可以提高旧物改造的利用率，使原来的旧物功能发生改变或有更多的利用，就像1+1在一定情况下是会大于2的。我们的旧物改造也应如此，使它们的功能发挥到极致（图2-3-223、图2-3-224）。

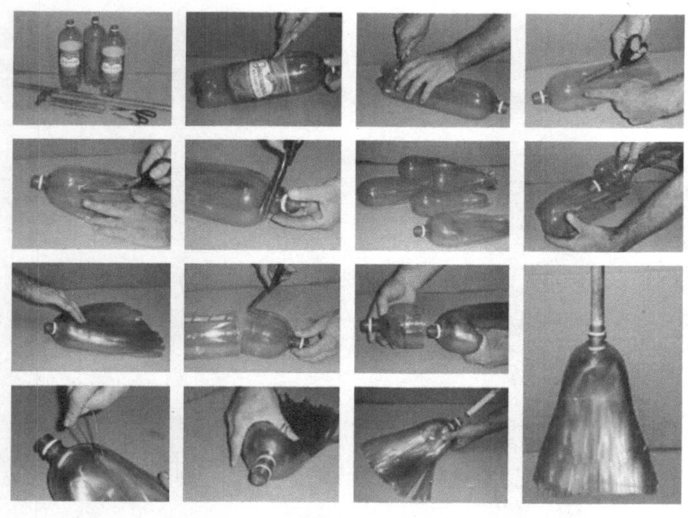

图2-3-221 原饮料瓶制成的实用扫把

图2-3-222 旅行箱改造成时尚的化妆柜

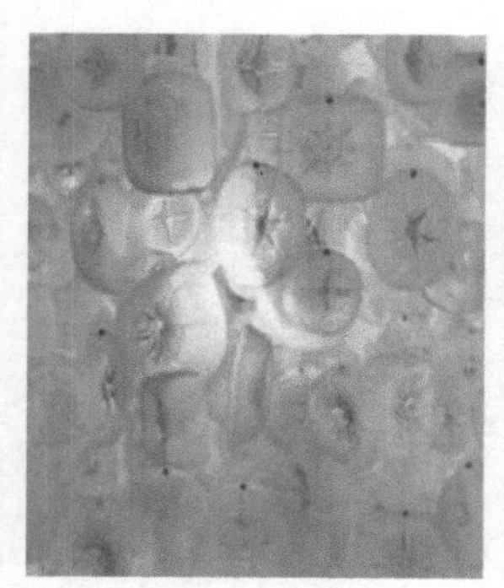

图2-3-223 将透明的纽扣重新组合成一个水滴吊灯

图2-3-224 大小不等、色彩不同的纽扣重新组合成一个时尚的腰带

（4）旧物陈设设计

在人们的实际生活中，有许多陈旧物品，虽然算不上是文物，但它们都代表了一个时期的社会时代背景，或者是过去生活中一些片断的缩影，或者是一种物品承载的文化外显，就像老式的留声机、旧自行车、旧收音机、旧家具等等，这些旧物总是让人产生许多联想。它们随着岁月的痕迹，已在人们的情感上升华为一种艺术品了，因此，对这些旧物的进行陈设设计，往往能勾起人们的情感和思想共鸣（图2-3-225、图2-3-226）。

（5）为旧物改造赋予艺术语言

我们在注重旧物改造的功能性同时，我们还要有一些艺术设计性。一件旧物改造后仅仅有使用价值是远远不够的。它还需要体现出一些独特的地方，这就是艺术设计语言。旧物改造也要善于观察生活，如此才能融入自己独特的创意，才能改造出即有价值又有艺术品位的作品。而这些作品最好还能深延和赋予一些背后的故事。一件能感人的作品，可能并不是因为其本身，而是因为它后面的故事（图2-3-227、图2-3-228）。

图2-3-225 旧的木制家具、相框等构成怀旧的环境

图2-3-226 环境中的陈设物都打上了时代的洛印

图2-3-227 用牛仔衣裤做成的沙发

图2-3-228 用老旧的电视改造的水族箱

练习与思考

1.进行室内家具应用搭配。
2.进行室内书画艺术品搭配。
3.进行室内装饰织物搭配。
4.自己动手完成一个旧物改造。

第三部分 案例与赏析篇

通过优秀的案例赏析，使学生拓宽设计视野，增强设计艺术素质，提高室内环境软装饰的设计能力，为未来的社会实践打下坚实的设计基础。

课题一 居室软装饰案例赏析

案例1 软装饰表达东方人居新主张

现代越来越多的中国人开始认识和感受到传统文化的魅力，传统人居文化不仅承载着中国人的人生观、宇宙观、价值观，也是几千年来人居实践的结晶，本案的风格是承载传统文化，兼收西方文化艺术的设计主张，对居所进行现代设计及软装时，如果再结合人居文化理念，将会打造出别样的人居环境。

设计师于玄关处配上栩栩如生的“喜上眉梢”图，颇具中式特色，又给玄关增添几分艺术气息。

入门处的朱色漆柜，采用17层漆绘工艺，拉手为铜制，扣手上纹样极为细致，漆柜能摆放鞋及相关物品，既方便又赋予平静儒雅中的点缀。

过厅中的佛龛，从供台、佛像、法器都颇有来头。佛像是寺院高僧绘制、装裱，极具收藏价值。此刻，佛龛的凝重、玄奥充满了整个过厅。

玄关、过厅、客厅空间的过渡采用手工雕刻的葫芦藤罩，会客区宽敞方正，公共区域的功能区分清晰明了，业主对文化的品位，在此展现无疑。乳白色真皮沙发、多头吊灯与背后大幅“邀月图”，把人们带到幽远的峻山藏岭、松涛、云顶。古典东方文化与西方的人文碰撞时，新东方主义在此得以很好的诠释。

厨房四扇对开门，改变原有传统用法，在雕花门扇上饰以苏绣，可谓雕花门的点睛之笔。

博古书架、罗汉踏、红木雕刻书桌等无处不体现出书房的古香古色的东方文化。

案例2 以“喜”字为主题的婚房配饰

婚房装饰中最重要的就是要体现出喜庆的氛围，而婚房中的软装饰饰品却是表现这一环境氛围的重要因素，以“喜”为主题的饰品，则更能提升婚房的喜庆之气。

火红的玫瑰花与喜字蜡烛放在床头一角，烛光映衬和颜悦色的新人，在温馨的夜晚，浓情似火。

大红的“囍”字，寓意好事成双，这些传统喜庆的元素与现代感十足的布艺融合，更有趣味，也更抢眼。

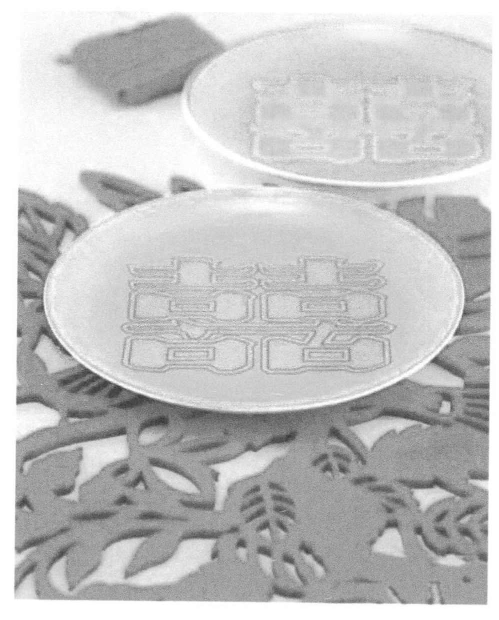

瓷盘内的“囍”字，寓意好事成双，与雕空的红色桌垫相映成趣。

大到桌祺，小到餐垫、杯垫，统统饰有镂空的喜字，红色象征着红火的日子，内衬的黄色则寓意着祈求富裕的生活。

成对儿的喜娃娃是房中最别致可爱的装饰，同时也是新人对未来的憧憬。可爱的卡通图案以带有浓浓中国味的精致刺绣表达出来，结合喜字图案暗花纹，给喜庆的床品带来活泼温馨的感觉。

案例3　童话般的地中海之梦

地中海风情多以柔和的半圆造型、清雅的蓝白、浅淡的黄红色彩搭配，使人联想到蓝天白云、阳光沙滩，一股浓浓的海风扑面而来。室内精美而又别具风情的家具和软装饰饰品，往往会营造一种阳光明媚，清新爽朗的环境，让人仿佛身处童话中一般。

精巧的画、柜上的装饰物、铁艺和瓶画在朦胧的灯光下，充满了情调。

蓝色的布艺沙发、马赛克、铁艺画架和挂件在蓝灰的吊顶衬托下，有了地中海风情。

古朴的吊扇灯、瓷盘、瓷器杯、土陶花瓶在朴实的壁画映托中别有情致。

蓝色的条格布，餐台蓝玻璃吊灯，蓝色橱柜，强化了风格。

桌布木椅、瓶花绿植在洁简的环境中更为突出。

书、镜框、吊灯和床楣鲜艳的画活跃了室内空间。

室内的各种软装饰物件在风格式样的统一下，各有其为。

蓝白色衬托出了室内软装饰物漂亮色彩。

卧室里蓝白布艺物占有主导的地位，特别是大型落地窗帘轻纱帷幔，仿佛吹来地中海的风。

阳台角盛开的花与地面的色相映成趣。

练习与思考

1. 就一套优秀的家装设计，对其室内软装饰物品的应用进行分析，并用文字描述出来。
2. 根据你自己设计的家装风格，画出5～8个相适应的软装饰物品。

课题二　室内公共空间软装饰案例赏析

案例1　羊肉汤馆软装饰设计

楼梯间的墙壁挂上瓦片来装饰墙壁，不仅地方特色浓厚，更使空间更具沧桑感。

虽是一角，但用绿植、酒缸以及干高粱枝等软装饰品来柔化了空间，使空间乡土气息浓厚。

室内绿植、缸、辘轳、木雕等使空间乡土气息浓厚，让人们回味起从前的味道。

绿植、干玉米、装饰画、葫芦等软装饰品，柔化、丰富了墙壁和室内空间。

绿植、窗花、种麦子的篓以及红灯笼等软装饰，使空间更具中国北方农村的乡土气息。

绿植、装饰画、玉米棒以及织布机作为装饰品，使空间的农家风情十足。

墙壁上的装饰画、玉米棒等让客人回味到了浓浓的乡土味，而装饰画则把客人带回到了20世纪五六十年代，让人们在这个空间里觉得十分亲切。

案例2　酒店客房情趣化软装饰设计

松软的圆形床放在一个大的鸟笼中，在暖色的环境里，令人感到温馨可爱。

红红的玫瑰花图案，洒满床后的墙壁，再延伸到天棚上，宛如无数的唇印，令人遐想。

整个房间在蓝紫色的统一下，加上灯光的处理，床和沙发就像漂入在海面上，软装饰的设计达到了如此迷人的效果。

室内以圆床为中心，圆弧的纱幔轻柔垂下，别致的窗画紧紧围绕，随意放置的枕垫等物在灯光的照射下，使人的心情更加舒服而放松。

天顶上垂落下的圆圈，充满梦幻感，在蓝色的墙壁衬托下，新颖而奇特。

老牛车式的床的设计很有个性，特别是室内墙和天棚上跳动音乐符号，在黄褐色的灯光下，充满了怀旧的历史感。

案例3　房屋销售中心软装饰设计

在房屋销售中心这样的空间里，软装饰设计可以说是如鱼得水，只要给予足够的空间，软装饰设计就会产生出很多好的创意和风格特点。

这是销售中心门口，灯饰、壁饰和植物软装饰营造出仙境之感。

典雅的水晶吊灯将走廊通道装扮的富丽堂皇。

这是售房中心地带，豪华精致的吊灯和壁灯强化了风格的统一性。

门厅中心设计为上端豪华型吊灯，配合一些配饰产品，做到了高端大气。

会客厅圆形烛吊灯和落地灯与门柱造型十分统一。

软装配合整体环境的展现。

案例4　美国珠宝品牌蒂芙尼（Tiffany）东京专卖店软装饰设计

蒂芙尼是世界知名珠宝奢侈品牌之一，自1837年成立以来，一直将设计富有惊世之美的原创作品视为宗旨。美国珠宝品牌蒂芙尼东京专卖店软装灯饰设计亦传承了品牌一贯的“经典设计”理念，抛开繁琐和娇柔做作，只求简洁明朗，在低调中显示出来的奢华、优雅，令人心旷神怡。

专卖店外观建筑看似简单，却因材料质感而反射环境而丰富多彩。

室内壁面装饰简洁而灵动。

专卖店顶棚软装灯具设计如宝石般灿烂。

室内吊隔设计呈现金碧辉煌之景象。

室内软装饰注重细微的处理。

室内软装饰家具陈列柜摆放。

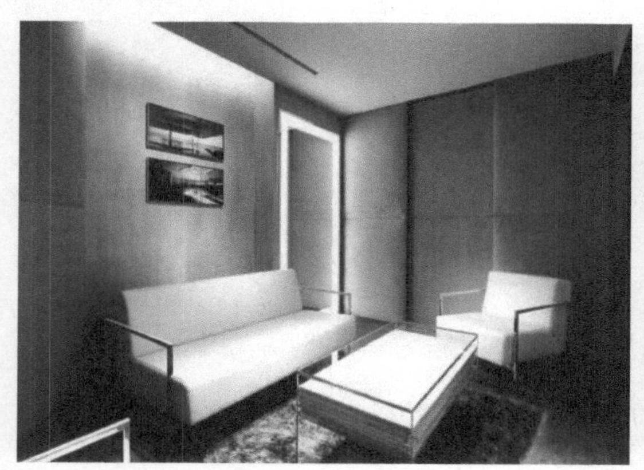

客户休闲区沙发简洁明朗，低调中显奢华。

练习与思考

1. 实场收集摄录一办公室，讨论分析其软装饰应用效果和作用。
2. 对一家茶楼的软装饰应用进行赏析，并在同学间互相交流探讨。

参考文献

[1] 薛野. 室内软装饰设计 [M]. 北京：机械工业出版社，2012.

[2] 范业闻. 现代室内软装饰设计 [M]. 上海：同济大学出版社，2011.

[3] 唐建等. 居室软装饰指南 [M]. 重庆：重庆大学出版社，2013.

[4] 黄春波等. 居室空间设计与实训［M］. 沈阳：辽宁美术出版社，2011.